宁夏农业学校国家中等职业教育改革发展示范学校建设项目
教材编写委员会

主　　任：赵晓瑞

副 主 任：刘　进　莱惠玲　安　青　段新华　范为群

委　　员：袁凤林　杨冬玲　李银春　宋伶英　马学礼　冯　丽

　　　　　白　桦　唐虎利　赵　娜　卢　潇　杨　锋　侯宁玉

编委会办公室

主　　任：范为群

副 主 任：宋伶英

《动物疑难病诊治医案及动物血管铸型标本的制作》

主　　编：袁凤林

副 主 编：侯宁玉　赵　娜

参编人员：郭　亮　刘占祥　郭冀宁　郭兰芳　陈顺艇

动物疑难病

诊治医案

DONGWU YINANBING ZHENZHI YIAN

及

动物血管

铸型标本的制作

DONGWU XUEGUAN ZHUXING BIAOBEN DE ZHIZUO

主编 袁凤林

副主编 侯宁玉 赵娜

黄河出版传媒集团
宁夏人民出版社

图书在版编目(CIP)数据

动物疑难病诊治医案及动物血管铸型标本的制作 /
袁凤林主编. —银川:宁夏人民出版社,2016.5
ISBN 978-7-227-06344-5

Ⅰ.①动… Ⅱ.①袁… Ⅲ.①动物疾病—疑难病—
医案 ②动物—血管—标本制作 Ⅳ.①S85 ②Q95-34

中国版本图书馆 CIP 数据核字(2016)第 107808 号

动物疑难病诊治医案及动物血管铸型标本的制作　　　　　　袁凤林　主编

责任编辑　杨敏媛

封面设计　段　韬

责任印制　肖　艳

黄河出版传媒集团
宁夏人民出版社 出版发行

出 版 人　王杨宝
地　　址　宁夏银川市北京东路 139 号出版大厦〔750001〕
网　　址　http://www.nxpph.com　　　　http://www.yrpubm.com
网上书店　http://shop126547358.taobao.com　　http://www.hh-book.com
电子信箱　nxrmcbs@126.com　　　　renminshe@yrpubm.com
邮购电话　0951-5019391　5052104
经　　销　全国新华书店
印刷装订　宁夏凤鸣彩印广告有限公司
印刷委托书号　〔宁〕0001128

开本　787 mm × 1092 mm　1/16
印张　9　　　字数　190 千字
版次　2016 年 5 月第 1 版
印次　2016 年 5 月第 1 次印刷
书号　ISBN 978-7-227-06344-5/S·358
定价　25.00 元

前　言

  《动物疑难病诊治医案及动物血管铸型标本的制作》是畜牧兽医专业在示范校建设后的又一成果。示范校建设期间，畜牧兽医专业教师注重地方经济的发展，参与指导社会服务，在标本室的建设过程中完善原有的标本，新建动物血管铸型标本。我校动物标本制作技术，得到行业、企业、社会的认可，发挥了良好的示范引领和带动辐射作用。为了巩固畜牧兽医专业研究成果，特编著此书。

  本教材图文并茂，案例清晰，内容丰富，注重实际操作。内容编排包括动物疑难病诊治医案和动物血管铸型标本两大部分。在动物疑难病的诊治中，结合多年的临床经验进行诊治，包括头颈部疾病、胸腹部疾病、直肠子宫疾病、四肢疾病、牛蹄病、动物去势术和冷冻疗法的诊断治疗及预后，在治疗中总结经验分享心得，案例有针对性和适用性，在生产中有一定的推广作用。本书的第二部分是动物血管铸型标本，血管铸型标本是以动物体内的管道（如心血管、支气管、肝管、胰管等）作模具，用不同颜色的塑胶液灌注于填充剂（高分子化合物）用注射器灌注到管道内，待管道内的填充剂硬化后，再利用高分子化合物耐酸、耐碱的特性，用酸或碱将其他组织腐蚀掉，留下的就是管道的铸型。在第二部分详细记录了血管铸型标本的制作过程，包括选材料、铸型剂的配置、灌注方法、腐蚀、冲洗、修整。

  2012年起，我校师生共同研制动物器官血管铸型标本88件，包括牛、羊、猪等多种动物的心、肝、脾、肺、肾、蹄部的器官血管铸型标本，为写作本篇章提供了有力的证据。

  参与本教材编写的有宁夏大学袁凤林教授、吴忠市利通区动物卫生监督所副所长侯宁玉及宁夏农业学校教师赵娜、刘占祥、郭兰芳、郭冀宁、郭亮和银川市动物园园长陈顺艇。在编写过程中得到了宁夏农业学校各位领导的支持，在此一并感谢。

本教材既可作为中职学校畜牧兽医及其相关专业的特色教材，也可作为畜牧兽医行业技术人员的岗位培训教材和参考用书。在编写过程中，由于编者的水平有限，不足之处在所难免，敬请广大读者批评指正。

2016 年 5 月

目　录

第一章　头颈部疾病

一、马颌窦蓄脓的手术治疗

马　8 岁，1973 年 3 月 18 日就诊，永宁县望洪公社农声 3 队。

主诉：马去冬至今一直流鼻涕，先是稀的，后越来越黏稠，现在大量流脓鼻涕，出气也粗厉，最近不好好吃草料了。

检查：体温 38.3℃，呼吸 26 次/分，心率 46 次/分。从左侧鼻孔流出多量脓鼻涕，低头量增多。左颌面部较右侧隆凸，叩诊为钝浊音，可听到明显粗厉的鼻塞音。

诊断：左上颌窦蓄脓。提出手术治疗，但畜主不同意，先行保守治疗。青霉素 80 万单位×3 支，链霉素 100 万单位×2 支，溜水 20 ml，肌注一日一次。

加味知柏汤：酒知母 80 g，酒黄柏 80 g，广木香 25 g，制乳香 45 g，制没药 45 g，连翘 45 g，桔梗 25 g，双花 30 g，荆芥 15 g，防风 15 g，甘草 15 g，水煮灌服，一日一剂，连服 5 剂。

治疗一周后症状不见好转，畜主同意手术治疗。

保定：六柱栏内站立保定，固定好头部。

术部处理：以左颌面部隆凸处为术部。剃毛消毒，创布隔离。术部 2%盐酸普鲁卡因液局部麻醉。手术器械常规灭菌。

手术：于术部十字切开皮肤至骨膜。十字切开骨膜并剥离。圆锯锯开颌骨后，大量脓汁喷出。将圆锯孔边缘修整。用 20%的硫呋液充分冲洗(20%硫呋液配制：硫酸镁 200 g，呋喃西林 1 g，加水约 1000 ml 煮，并使药液充分溶解)，冲洗时将马头置低。硫呋液冲洗后，再用生理盐水冲洗。之后填入油西林纱布条并引流，创口上角假缝合，引流条置创口外。每日冲洗处理一次。连续处理五天后流脓完全停止。于第七天闭合皮肤创口。一月后复诊治愈。

二、牛颌窦蓄脓的手术治疗

母牛　9 岁，1976 年 9 月 18 日就诊，永宁县仁存公社徐桥大队 3 队。

主诉：牛一年多来呼吸粗厉，出气难闻，从鼻孔常流出带草料末脓鼻涕，左面部比右面部肿高，不好好吃草料，越来越瘦。

检查：体温 38.4℃，呼吸 27 次/分，心率 71 次/分。从左侧鼻孔流出多量带草料末脓鼻涕，低头量增多，左颌面部较右侧隆凸，叩诊为钝浊音，可听到非常明显粗厉的鼻塞音，有难闻的瘤臭味。开口检查，口臭，于左上颌 3~4 臼齿间发现齿槽与上颌窦相通的孔，孔内用止血钳夹出腐败草料后，直通上颌窦。建议手术治疗并得到畜主同意。

保定：六柱栏内站立保定，确实固定好头部。

术部：以左颌面部最隆凸处为术部。剃毛消毒，创布隔离。

麻醉：术部用 2%盐酸普鲁卡因液局部麻醉。手术器械常规灭菌。

手术方法：于术部十字切开皮肤至骨膜。十字切开骨膜并剥离。圆锯锯开颌骨后，将圆锯骨孔边缘修整。用止血钳将颌窦内腐臭的草料尽可能取尽，先用 3%双氧水冲洗后，用 20%的硫呋液充分冲洗，冲洗时将牛头置低，使上颌骨与颌窦的孔及颌窦内尽可能干净。再用生理盐水冲洗。将口腔与颌窦相通的上颌骨的孔填入油西林纱布条，适当填紧使孔闭塞。再通过圆锯孔向上颌窦填入油西林纱布条并引流，创口上角假缝合，引流条置创口外。每日同法冲洗处理一次。连续处理七天后流脓完全停止。

塑胶镶补上颌骨与颌窦的孔：待化脓停止，创内完全净化后可用塑胶镶补上颌骨与颌窦的孔。用适量的自凝牙托粉和自凝牙托水（粉与水按 3:1 的比例），调拌均匀，待塑胶呈面团状时，即可填塞。填塞时需用开口器，将创内彻底处理干净，用棉花将填塞处吸干，保持干燥。迅速将调制好的塑胶由口内孔向颌窦填塞。同时另一手的食指经圆锯孔向下剂压嵌体，使其密接孔壁，并使嵌体呈工字型将孔充分填塞。下端膨大处必需光滑平整，以免影响舌的运动。观察两天无异常后，闭合圆锯孔皮肤创口。两月后追访治愈。

讨论：①颌窦蓄脓治疗的关键是脓窦内必须处理干净，如脓窦内存有脓汁、坏死组织及草料末等，化脓感染就不会停止。通过圆锯术，可以使脓窦内脓液顺利排出。而20%的硫呋液是高渗液，可以促进净化，只有彻底净化后，化脓感染才能被终止并得到治愈。②奶牛的颌窦蓄脓发生的原因是上颌窦通过病理孔道与口腔相通，严密填塞上颌窦与口腔相通的病理孔道，是治疗奶牛颌窦蓄脓的另一关键。要使病理孔道填塞后不再发生感染化脓，必须一是使上颌窦与口腔相通的病理性孔道彻底净化，停止化脓感染；二是病理性孔道必须填塞严密，保证口腔内草料不能再进入孔道；三是镶嵌材料和组织亲和性要好，镶嵌后不发生排斥反应并能保证长期的效果。

三、骡舌断裂的手术治疗

骟骡　6 岁　1976 年 3 月 28 日就诊，灵武县东塔公社园艺大队 6 队。

主诉：骡常年拉车搞运输，今天上午给骡钉掌，因骡子太暴，为了控制骡子，于骡下颌骨臼齿前连同拉出口腔的舌头，一起用细绳紧勒扎紧。等钉完掌，勒绳前面的舌被完全勒断了。

检查：体温37.3℃，呼吸19次/分，心率51次/分。口边口内有大量的鲜血。打开口腔，舌稍肿胀，舌断面有较多出血。前面的舌完全断离掉。

治疗：于六柱栏内站立保定，为止血与减少术中出血，肌注维生素 K 15 ml，青霉素240万单位，链霉素200万单位，肌注。用0.1%高锰酸钾液充分冲洗口腔。

手术：行舌神经传导麻醉，于舌骨突起前约 3 cm 处用长针头垂直向口腔底部进针，边进针边不断注射2%的盐酸普鲁卡因液，进针深约 5 cm，盐酸普鲁卡因液总量注入 20 ml。抽针头于皮下，再将针以 45°~60°角向下颌内侧面进针，接触骨面后略回抽针头，注入盐酸普鲁卡因液 20 ml。同法向另一侧进针注入盐酸普鲁卡因液 20 ml。安置开口器，确实固定好头部。牵拉断舌并固定。将断舌端修整切为"V"形，将"V"形两边行纽扣状缝合（见图1-1）。进针仅穿过舌切面的 1/2 或 2/3。结打在舌面一侧。缝合后即将断舌修整成了有舌尖的小舌。术后停止饲喂，胃

舌断端切为"V"型　　　　　舌缝合

图1-1　骡舌断裂手术示意图

管投食 7 天后，喂软嫩的青草，饲喂后用0.1%高锰酸钾液充分冲洗口腔。两周后拆线。两月后追访，骡舌完全恢复功能。

讨论：骡舌完全断裂治疗的关键一是止血，二是恢复舌功能。术前肌注维生素 K 15 ml 可减少手术中的出血。对完全断离残留的舌端，采用 V 形切口，缝合后可压迫止血，并造成了可活动的舌尖。愈合过程中，可活动的舌尖，通过采食的活动恢复了功能，也证明舌组织有很强的再生修复能力。

四、骡下颌骨骨体粉碎性骨折的治疗

大家畜下颌骨骨折在兽医临床上比较少见，而下颌骨骨体粉碎性骨折则更罕见。1982 年，我们曾遇到一例被汽车撞伤的骡下颌骨骨体切齿部粉碎性骨折，采用铁丝外固定，在短期内获得良好效果。现介绍如下。

(一)临床症状

体温38.6℃，脉搏40次/分，呼吸8次/分。病畜精神沉郁，唇部轻度肿胀，右鼻孔外下方有直径约 2 cm 的唇部透折。打开口腔可见下颌骨骨体切齿部骨折。骨折线前

面紧贴中间齿内缘，纵向由右前上方斜向左右后下方，止于左侧第一下臼齿前方 1.5 cm 的齿槽间隙部，骨折片斜面与正中矢面约成 55°夹角。左侧骨折片碎成多块。其中较大的有 3 块（见图 1-2），且连同下颌软组织向右方呈 90°移位。两下门齿与齿槽缺失，右侧下隅齿与齿槽纵向骨折，尚有软组织相连。两上门齿在齿龈部横断，其余牙齿松动。上颌左侧切齿齿龈部与硬腭交界处有长 4 cm 的挫裂创，其他部位黏膜有多处撕裂创。骨折片之间软组织创伤内存有血凝块、挫灭组织及草料残渣。口内有重度甘臭。心肺检查未见异常。诊断为下颌骨骨体切齿部开放性粉碎性骨折。

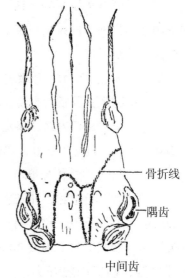

骨折线

隅齿

中间齿

图 1-2　骨折线模式图

（二）整复与固定

保定：柱栏内站立保定。

麻醉：先用氯丙嗪 250 mg 肌肉注射，25 分钟后用水合氯醛 20 g 加淀粉糊灌肠，10 分钟后开始手术。

术式：先用 0.05%高锰酸钾溶液加压冲洗口腔，彻底清除口腔深部、骨折片之间与软组织创伤内的草料残渣、血凝块、挫灭组织及游离碎骨片。然后将移位的左侧骨折片整复到原来的位置，随即用 18 号铁丝在切齿部及齿槽间隙部作三道固定：第一道铁丝在两中间齿外侧的齿颈处固定；第二道铁丝先在每侧中间齿与隅齿的齿颈处做"∞"字形固定，再连接两侧的铁丝拧紧；第三道铁丝在齿槽间隙部固定。三道铁丝的接头均位于下颌正前缘的齿龈部。对上颌部硬腭创伤作 3 针结节缝合。手术历时 50 分钟。

（三）术后处理及结果

1. 保持口腔洁净。用 0.05%高锰酸钾溶液（7 天后改用 0.01%）冲洗口腔及患部，每日三次。

2. 防止感染。用青霉素 160 万单位和链霉素 200 万单位肌肉注射，每隔 12 小时一次，连用 20 天。

3. 增强机体抵抗力。用 10%葡萄糖溶液 1000 ml、复方氯化钠溶液 1000 ml 和维生素 C 2.5 g 静脉注射，连用 7 天。

4. 鼻饲。小米 1 kg 熬粥，牛奶 2.5~3.5 kg，加参苓白术散 150~200 g，碳酸氢钠 40 g、氯化钠 25 g，分两次胃管投服。

5. 加强护理。病畜单独饲养，派专人护理，禁止病畜采食及啃咬其他异物，保持厩舍清洁干燥。

6. 病程情况。术后第 22 天口内软组织创伤完全愈合，X 线照相可见骨折部复位良好，骨折线已模糊不清，让病畜自由采食柔软饲料。第 36 天 X 线照相可见骨折线更加模糊不清，有大量骨痂生成，拆除固定铁丝。第 42 天 X 线照相可见骨折线基本消失，左侧齿槽间隙部骨折处已有骨皮质连接，病畜采食饮水如常，两个上门齿已与其他齿长平，两下门齿仍缺失，告愈出院。

(四)几点体会

1. 颌骨骨折常用不锈钢丝、钢板固定，我们采用 18 号铁丝代用，效果颇为满意，固定 36 天后未见生锈，对组织也未产生不良影响。铁丝取材方便，价格低廉，固定时也容易拧紧，在以后的临床工作中可考虑采用。

2. 对口腔内开放性骨折病畜护理的关键是如何解决饮食问题，我们对此采用大号胃管鼻饲的方法。为了防止因突然改变饲料及饲喂方式引起消化不良，还投喂了参苓白术散等补气健脾药。我们认为，这些措施是手术能成功的重要保证。它既解决了病畜的营养饮食问题，又有效地防止了草料对创口及骨折部的不良刺激。

3. 我们在术后第 22 天、36 天及 42 天分别进行了 X 线照相检查，根据 X 线所见判断骨折的愈合情况，为适时给病畜口饲、拆除固定及出院提供了依据。

五、犬开放性下颌骨骨折的治疗

大型牧羊公犬 2004 年 3 月 26 日就诊，青铜峡某建筑公司。

1. 病史。主诉 3 月 20 日下午到外面遛犬，犬见到路对面有只狗，就猛扑过去，正好与路上飞速而来的汽车相撞，车开走后，犬先是趴在地上，口内流出大量的血，一会儿犬站立起来，犬主发现犬下巴垂了下来，于是请了动物医院大夫治疗，大夫说下颌骨骨折了。打了止血、止痛、消炎针，经外科处理局部麻醉后，进行了缝合固定，术后每天喂土霉素。后下巴又垂掉了下来，经介绍来就诊。

2. 检查。体温、呼吸、心率均正常，营养良好。下颌骨体与骨支连接处完全断离，使口腔前部的下颌骨体连同其上的门齿、犬齿下垂。两侧骨折面外露，均呈约 30°斜形断面。触诊两侧下颌骨支均有较大活动性，皮肤将下颌骨体与两侧断离的下颌骨支连接。在下颌骨体的断面能看清两侧整个犬齿的后齿面，骨折是沿着两犬齿的后缘发生的。创面周围略有肿胀，炎症不显著。创面及创围有少量发暗的肉芽组织。诊断为开放性下颌骨骨折。

3. 治疗。

(1)清创处理。将 0.1%高锰酸钾液 2000 ml 置入挂高的吊桶内，将连接吊桶下方漏嘴的长胶管置入犬口腔内，充分冲漱口腔，将血凝块、无生机的组织、残存的缝线等异物清除。

(2)整复固定手术。采用小手术床侧卧保定。2%盐酸普鲁卡因液局部麻醉。在口腔上、下臼齿间横过一结实的木棒，术中以防犬伤人。将断裂的下颌骨体尽可能前拉，与两侧下颌骨支断面进行整复对合，使骨折面尽可能充分吻合。采用细铁丝将臼齿和门齿箍紧。铁丝粗细以能穿过18号针头针孔。为防止铁丝滑脱，在臼齿内、外两侧紧贴下颌骨支内用18号针头刺入口腔内，将铁丝通过针孔穿入口腔内，拔出针头留置铁丝，并用铁丝分四处（每侧两处）将臼齿和门齿箍紧的铁丝固定牢固，防止固定臼齿和门齿的铁丝滑脱。通过针头引入口腔的铁丝在皮外拧紧，为防止勒伤组织，可垫衬纱布，并要避开血管切迹，防止勒压血管。将骨折完全对合固定后，解除保定。狗站立后用0.1%高锰酸钾液再次冲漱口腔。

（3）术后护理。术后一周内肌注青霉素160万单位、链霉素100万单位，每天一次。给以富有营养易消化的流汁食物，食后用0.1%高锰酸钾液冲漱口腔。创伤涂龙胆紫药水，保护好固定，防止犬抓损固定。

4月23日拆除固定。

5月5日电话追访治愈。

4. 讨论。

（1）骨折是在下颌骨体与骨支接合处，沿着犬齿后缘发生。这是因为犬齿齿根长，呈斜向嵌入齿槽内，相对应的呈斜向长筒状的齿槽壁薄，位置正好又在下颌骨体与骨支接合处，这一解剖学上的特点，遇到强碰撞后，易在此处发生断裂。

（2）犬骨折发生后，每天喂土霉素，第6天到我院诊治时，损伤部创面周围只是轻微肿胀，炎症也不显著。固定手术一周后据犬主电话通报，损伤部软组织就基本愈合。说明该犬口腔抗感染能力和口腔黏膜再生能力均极强。

（3）虽然下颌骨体与两侧的下颌骨支接合处完全断离，并在发生第6天才到我院诊治。但下颌骨体上的6枚切齿与两侧下颌骨支上的臼齿仍然牢固。充分利用切齿和臼齿，应用铁丝通过18号针头针孔，在上下、左右、内外进行骨折固定。固定方法确实，固定材料取材方便经济，并取得了满意的效果。

六、奶牛糖萝卜阻塞食道的治疗

奶牛　二胎，5岁，1986年10月18日就诊，银川郊区银新乡尹家渠6队。

主诉：奶牛下午开始表现不安，伸颈缩头，大量流唾沫，肚子也胀起来了。

检查：体温38.1℃，呼吸26次/分，心率73次/分。奶牛表现紧张不安，频频伸舌作出吞咽动作，口内大量流涎，颈上食道部明显隆起，触摸有一坚硬物存于食道上部，瘤胃明显膨胀。询问畜主，说院内放有糖萝卜。诊断为糖萝卜阻塞奶牛食道。

治疗：六柱栏内站立保定。投入胃管试图将糖萝卜捅入胃内，但阻力较大，于是胃管投石蜡油约150 ml，拔出胃管。术者于食管阻塞处触摸阻塞物，抵住阻塞物近胃端，向咽部挤压，另一人于对侧协助，将阻塞物挤压入口腔，达咽喉部时打开口腔，照明即可发现糖萝卜，迅速用长柄钳夹住糖萝卜突出的根，将其取出而治愈。

七、骡食道阻塞的治疗

骡　10 岁，1973 年 3 月 28 日就诊，永宁县望洪公社双和大队 6 队。

主诉：骡下午开始表现不安，不食。频频伸颈缩头伸舌，口内大量流涎，表现紧张不安。检查：体温 37.3℃，呼吸 23 次/分，心率 49 次/分。经询问畜主，诊断为食道阻塞。

治疗：六柱栏内站立保定。投入胃管试图将阻塞物捅入胃内未果。准备温水一盆约 5000 ml 左右，胃管连接在灌肠器上，用灌肠器通过胃管向食道内注水，骡头置低。随着水灌入食道又返出口腔，看到随着返出口腔的水混有料草末流出。当水液不从口腔返出。说明食道已疏通，水已注入胃内而治愈。我们用此法共治疗此类马、骡食道阻塞 8 例，均全部治愈。

八、驴食道异物的手术治疗

母驴　6 岁，1976 年 9 月 18 日治疗，吴忠县古城公社古城大队 6 队。

病史：上午在兽医院灌服驱虫药，插入胃管投完药后，胃管怎么都拔不出来，结果用力拔就将胃管拔断了，断的另一段被驴吞咽。

检查：体温、呼吸、心率均正常。病畜表现不安，频频伸颈缩头吐舌作吞咽动作，口内大量流涎。触摸食道可摸到断裂的胃管，决定手术取出。

手术：侧卧保定，固定好头部。手术部位位于左颈部上 1/3 处，颈静脉沟上方。术部剃毛，消毒，创布隔离。采用 0.5% 盐酸普鲁卡因液浸润麻醉。手术沿颈静脉上方纵向切开皮肤与含皮肌的二层筋膜，切口约 10 cm。在不破坏颈静脉周围结缔组织腱鞘的前提下，分离肩胛舌骨肌筋膜及脏筋膜，剪开深筋膜，找寻食管。找到食管后，小心将食管拉出，用灭菌纱布隔离食管。纵向皱襞切开食管，即看到断裂的胃管。取出断裂的胃管，仔细清洁处理切开食管与创伤。用 4 号缝线连续缝合食管黏膜层，再缝合肌层，尔后缝合创内的各层组织，尽可能消除创囊。结节缝合皮肤，但先不打结，将创内彻底处理，撒入青霉素粉 160 万单位后再打结。创口置结系绷带。术后第 9 天拆线，一期愈合治愈。

讨论：三种原因造成的食道梗塞，采取了三种不同治疗方法。

病例一：因梗塞物是糖萝卜，又位于颈前部，投入胃管灌入适量油剂，以滑润食道，两人协同将糖萝卜推挤入咽部，用长柄钳取出。

病例二：梗塞物是饲料，投入胃管用灌肠器向食道内注入大量温水，将食道疏通

而治愈。

病例三：插入胃管投完药后胃管拔不出来，直到将胃管拔断。胃管拔不出是驴将胃管用牙齿咬住，如停止拔管让驴松口，或打开口腔，解除咬管，完全可将胃管取出。出现这一问题是由于胃管质地太软，可以折入口腔被牙咬住，在临床工作中值得注意。胃管在胃内很难被盐酸等胃液消化，只能手术取出。

第二章　胸腹部疾病

一、骡肋骨骨折的手术治疗

母骡　6岁，1975年9月18日就诊，灵武县崇兴公社崇兴6队。

主诉：骡拉车上坡，对面来了辆车下坡，因下雨路滑坡陡，对面车停不住，车辕撞到骡胸部，撞后骡胸部出现了个坑，畜主于是尽快将骡拉到兽医站。

检查：体温37℃，呼吸25次/分，心率48次/分。左胸部10和11肋中部随呼吸隆起和凹陷，触诊该部10和11肋骨骨折，下段骨折部有较大活动性，可触到骨折断面。

手术治疗：采用六柱栏内站立保定。术前肌注青霉素240万单位、链霉素200万单位。术部剃毛消毒。2%盐酸普鲁卡因液局部麻醉。术者左手拇指与食指深入肋骨前后缘，隔皮紧捏肋骨，用一带有18号缝线的弯形缝合针紧贴肋骨后缘进针，再紧贴肋骨内面绕到肋骨前缘出针，将线引出皮外。针切勿穿透胸壁。在第10和11肋骨骨折处上下共进针引线4根，用两块经修整的竹板分别置于第10和11肋骨上，将骨折完全对合复位，用缝线将竹板和肋骨捆扎固定在一起（见图2-1）。在竹板外面缝盖一块敷料。每天肌注青霉素240万单位、链霉素200万单位，连用7天。

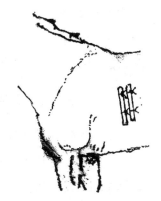

图2-1　肋骨骨折竹板示意图

术后18天拆除固定。10月25日追访，第10和11肋骨骨折完全愈合而治愈。

二、奶牛创伤性心包炎的诊断

奶牛　三胎，1975年4月15日就诊，平吉堡奶牛场二队。

病史：病牛从1974年到现在反复发生消化不良，瘤胃弛缓，瘤胃膨气，奶产量锐减，疾病反反复复，兽医初步诊断是创伤性心包炎，但意见不一，无法淘汰处理。请了宁夏有关畜牧兽医专家，但均没作出决定性的诊断。场里也不敢处理，希望作出一个明确诊断。

腹腔手术探查：采用六柱栏内站立保定，术部确定左肷部前切口，左侧肋骨弓后缘约 5 cm，距腰椎横突下方 6~8 cm。术部剃毛消毒，创布隔离。腰旁神经传导麻醉，配合局部浸润麻醉。腹壁切开后，手入腹腔紧贴瘤胃背囊壁向前探查，触感到网胃、瘤胃与膈发生严重较大范围的黏连，黏连组织硬固，似瘢痕化。据此明确诊断为创伤性心包炎，建议淘汰处理。

宰杀后，心包显著增大，切开心包，喷流出大量恶臭的脓汁，心包壁严重肥厚并纤维化硬固。

三、奶牛误食钢管的手术治疗

奶牛　三胎，2003 年 4 月 25 日就诊，平吉堡奶牛场三队。

病史：10 天前，兽医给奶牛用钢管投药，牛将钢管吞入腹内。要求手术取出。

手术：采用六柱栏内站立保定。术部确定在左肷部前切口，左侧肋骨弓后缘约 5 cm，距腰椎横突下方 6cm。术部剃毛消毒，创布隔离。腰旁神经传导麻醉，配合局部浸润麻醉。腹壁切开显露瘤胃后，在切口上下角及周缘作六针钮孔状缝合将胃壁固定在皮肤上，打结前在瘤胃切口外周填衬纱布，使瘤胃与腹腔充分隔离。皱襞切开瘤胃，由助手将瘤胃切口垫衬纱布提起，术者右手进瘤胃贴瘤胃内壁向前探查，触到横在瘤网孔上的钢管并取出。钢管约 40 cm 长。操作过程中用纱布填围在术臂与瘤胃切口之间，严防瘤胃内容物进入腹腔。取出钢管后，全层缝合瘤胃，充分清洁，包埋缝合肌浆层，拆除固定，再彻底处理创内。闭合腹壁切口。置结系绷带。用青霉素 240 万单位、2% 盐酸普鲁卡因液 15 ml 混合后腹腔注射。术后第 10 天拆线，取一期愈合而治愈。

四、奶牛真胃左侧移位的诊疗

奶牛　三胎，2003 年 9 月 25 日，吴忠市金积镇西门 5 队。

主诉：奶牛下犊 10 多天，草还吃一些，料几乎不吃。兽医看后连着灌了几副中药，输了几天液，病情不见好转，奶产量越来越少了。兽医说可能是真胃变位了，需要手术治疗。

检查：体温 38.1℃，呼吸 26 次/分，心率 79 次/分。于左侧 10~13 肋区明显隆凸，听不到瘤胃蠕动音，借助听诊器叩诊可听到明显的钢管音。行穿刺术，穿刺液为棕褐色，试纸测试 pH 值在 3~4 之间。诊断为真胃左侧移位。

治疗：借助一取土坑将牛赶到拖拉机上，将牛倒卧保定，再使牛呈仰卧姿势，两前肢和两后肢分别捆缚保定，保定好头颈部，防止头撞碰受伤。开动拖拉机，借助拖拉机的颠簸，以背部为轴心，在术者指挥下，向右向左以 60°角来回摇晃约 3 分钟，突然停止，并停车，借助听诊器叩诊听诊，左侧 10~13 肋区的钢管音消失，并出现弱的瘤胃蠕动音。而在腹底部真胃正常解剖位置处可听到明显的钢管音。在腹底旁开中线右侧约 5 cm 处，除毛消毒，行穿刺术，用试纸测试真胃液，确定真胃后，将已准备好的 2.3~2.5 cm 的短细铁丝用轮胎线于正中捆扎结实，再借助一长细铁丝通过穿刺针套管将戴轮胎线的短细铁丝送入真胃内。送入真胃后，少许回抽穿刺针套管，回拉轮胎线，如拉不出来，说明铁丝已横在真胃内了（见图 2-2）。充分排气排液后拔出穿刺针套管，将轮胎线回拉紧，皮外针孔处系一碘酊棉球或园枕，将轮胎线拉紧打结固定在皮外。解除保定，令牛站起，再借助土坑将牛赶下。

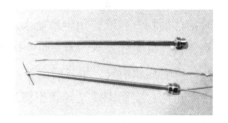

图 2-2　固定真胃器材

两天后畜主电话说牛术后晚上就反刍，开始吃料了，一月后说牛奶产量恢复正常，牛恢复健康了。

讨论：拖拉机的颠簸，人为以背部为轴心，在术者指挥下向右向左以 60° 角的晃动，促使了真胃左侧移位的复位。真胃液为酸性液，通过穿刺液可以确诊是真胃。第一次穿刺仅取穿刺液，用封闭针头或静脉注射长针头即可。第二次穿刺要固定真胃，要用较粗的套管穿刺针。铁丝横在真胃内，轮胎线拉紧就将真胃壁紧紧固定在腹壁，真胃浆膜层与腹壁腹膜受损伤后极易发生真胃与腹壁黏连，可以将真胃黏连固定在真胃解剖位置，防止真胃移位的复发。

五、骡空肠肿瘤的手术治疗

骡骡　10 岁，1973 年 4 月 23 日就诊，永宁县养和公社惠丰大队 6 队。

主诉：骡从去年开始经常腹痛，开始 1~2 个月犯一次病，后来半个月犯一次，近一个月几天就犯一次，特别是这次腹痛就过不来了，养和兽医站治了一周病情越来越重，只得拉到农学院兽医院。

检查：体温 38.3℃，呼吸 43 次/分，心率 95 次/分。病畜腹痛明显，急起急卧，回头看腹，呼吸急迫，腹围略显增大。眼结膜、口腔黏膜发绀、口内黏滑、口臭明显。初诊为胃扩张，投入胃管排出大量气体，并引出黄绿色液体。随着胃管减压，腹痛减轻，灌服止酵剂后，病畜表现安静下来。但过了约 4 小时，病畜腹痛又明显剧烈，腹围增大，呼吸急迫。行腹腔穿刺，穿刺液为显著红色。初诊为肠变位，转入手术治疗。此时心率已达 121 次/分。

手术：术前肌注青霉素 240 万单位、链霉素 200 万单位。

采用右侧卧保定。术部确定在左肷部。麻醉采用三阳络、枪风组穴电针麻醉，配合盐酸普鲁卡因液局部浸润麻醉。术中采用补液强心等措施。切开左侧腹壁后，即冒出严重膨气积液的空肠，行空肠切开减压后，顺冒出空肠检查，发现后面有一处空肠壁厚硬，并且以后的空肠明显塌陷变细。牵拉出此段空肠，肠壁约 1/2 部分厚硬堵塞，显著增厚处内陷且缩窄。以此处肠管为界，虽经切肠减压，但前面空肠仍粗大饱满，后面的空肠明显空虚塌细。将病变肠管与对应的肠系膜淋巴结切除，充分排除病变肠管前部的积气积液，用生理盐水清洗，行肠吻合，术后将肠管归入腹腔。再次腹内探查，认为再无异常后，闭合腹壁切口（术后作病理切片，确诊为空肠肉瘤）。

术后症状消失，半月后出院。半年后追访，完全恢复使役。

讨论：空肠肉瘤是导致患骡反复发生腹痛的根本病因。手术的关键是尽快查找到病源。切开左侧腹壁后，即冒出膨气积液的空肠。提示了之所以造成严重膨气积液，肯定后部肠管有堵塞。根据这一示病症兆就很快找到了造成堵塞的长有肿瘤的病变肠管，并观察到以病变肠管为界，前面的空肠粗大饱满，后面的空肠明显空虚塌细。将病变肠管与对应的肠系膜淋巴结切除，并吻合肠管，就除去了患骡反复发生腹痛的根本病因。充分排除病变肠管前部的积气积液，可以减轻病变肠管以前消化道的负担，减少腹压，利于疾病恢复。

六、马肠变位的手术治疗

骟马　13 岁，1973 年 10 月 13 日就诊，宁夏农学院试验农场。

病史：病马患有哮喘，为了止喘兽医用阿托品过量，引起腹胀腹痛，虽经穿肠放气，胃管排气，但腹痛症状不减，腹围越来越大。

检查：体温 38.5℃，呼吸 45 次/分，心率 105 次/分。病畜腹痛剧烈，呼吸急迫，腹围增大。眼结膜、口腔黏膜发绀，口内黏干，口臭明显。胃肠蠕动音全无。投入胃管排出大量气体。继续穿肠减压，服制酵剂，但病情越来越重。行腹腔穿刺，穿刺液为显著红色。初诊为肠变位，转入手术治疗。

手术：术前肌注青霉素 240 万单位、链霉素 200 万单位。

采用右侧卧保定。术部确定在左肷部。麻醉采用三阳络、枪风组穴电针麻醉，配合局部浸润麻醉。术中采用补液强心等措施。切开左侧腹壁肌肉各层后，腹膜刚剪一小口，充满气体，极度膨大的盲肠的盲肠尖即冒出爆裂，使术区严重污染。用纱布包裹脱出的所有肠管，隔离保护好术区，进行严格的消毒处理。术区彻底清洁后，吻合爆裂的盲肠。清洁后归入腹腔。拉出大结肠骨盆曲，切肠将大结肠气体排出，扩大切口，掏出大结肠蓄粪 1/2~2/3，行大结肠壁吻合术，清洁后归入腹腔。再牵拉出膨气的空肠，行空肠切开排气排液减压，充分减压后，吻合空肠切口，清洁后归入腹腔。经以上排气排液措施后，手入腹内晃动并检查，使腹内各脏器完全复位。经探查无异常后，闭合腹壁切口。术后病马症状消失。两周后拆线取一期愈合。

讨论：造成疾病的根本原因是阿托品过量。过量的阿托品导致严重的消化功能紊乱，造成严重的胃肠膨气而腹压剧增。加之患畜腹痛起卧，就造成了肠管的变位。所以手术的关键是充分减压。切开腹壁后，通过将大结肠气体排出，扩大切口，掏出大结肠蓄粪约 1/2~2/3。空肠切开排气排液减压。盲肠的爆裂，得到了充分的减压，就为肠管的正常生理功能的发挥创造了良好的环境条件。充分减压后，手入腹内轻柔地摆动，即可将变位肠管复位而治愈。手术中造成盲肠冲出爆裂，污染了术区，教训值得吸取。应先充分穿刺排气减压，而后再切开腹膜。

七、马大结肠纤维硬结的手术治疗

怀孕母马　5 岁，1979 年 7 月 8 日就诊，永宁县仁存公社友爱大队 4 队。

主诉：6 天前马腹痛，先后到三个兽医站看了，都说马得结症了，一直按结症打针灌药进行治疗，但马病情越来越重，只得拉到农学院兽医院就诊。

检查：体温 38.5℃，呼吸 53 次/分，心率 151 次/分。病畜腹痛剧烈，呼吸急迫，腹围增大。眼结膜、口腔黏膜发绀，口内干燥。胃肠蠕动音全无。投入胃管排出大量气体。穿肠也排出大量气体。由于腹压过大，无法直检。因已被三个兽医站均按结症治疗，都用了泻药，病情危重。马又怀孕，建议手术治疗。术前因采用补液强心等措施，心率降到 132 次/分。

手术：术前肌注青霉素 240 万单位、链霉素 200 万单位。采用右侧卧手术台保定。术部确定在左肷部。麻醉采用三阳络，枪风组穴电针麻醉，配合局部浸润麻醉。术中采用补液强心等措施。切开腹壁后，先将臌气的空肠牵出，并切肠排气排液减压，缝合空肠切口，清洁后归入腹腔。触查大结肠，发现上下大结肠广泛性便秘，尤其骨盆曲秘结硬，按压不能分离，为顽固的纤维硬结。将骨盆曲肠壁切开，取出一约 23 cm 长、直径 11 cm 粗圆柱状硬结。结粪取出后很难分离开，为纤维性相互缠绕。通过骨盆曲切口，尽可能取出大结肠内的蓄粪。闭合大结肠切口，清洁处理后归入腹内。探查腹内，认为无异常，闭合腹壁切口。术后病马症状消除。住院治疗到第 3 日发生流产，两周后拆线，取一期愈合。出院后一年马又受孕，并产一小骡。

八、马急腹症的手术治疗

急腹症是造成家畜死亡的重要原因之一。急腹症发病急，病程恶化快，死亡率高，如肠变位、肠嵌闭、肠壁肿瘤、顽固性纤维性秘结等。而又往往是在保守疗法不能奏效时，方才考虑手术，又易失去手术抢救的宝贵时机。因此，急腹症只有不失时机地手术抢救，才能奏效。

（一）手术时机与适应症

早期确定病情，在疾病尚未恶化前及时进行手术，是手术成功的重要条件。近年来，随着医疗水平的不断提高，使手术适应症与保守疗法的界限很难划分，在治疗中应针对病情，认真分析。既不要认为手术万能，又不能千篇一律地进行保守疗法无效后，再转入手术治疗，以防失去手术抢救的宝贵时机。以下情况是手术适应症。

1. 经临床和直肠检查有明显肠变位症状，用药和直肠内整复无效，腹腔穿刺液阳性，应尽快手术治疗。

2. 病畜腹痛剧烈，全身出汗，严重肠膨气，而穿肠放气和使用镇静止酵药物无效，病程急剧恶化，腹腔穿刺液阳性，尽快转入手术治疗。

3. 临床和直肠检查，确定为大结肠顽固性纤维性秘结，肠结石、毛球等，又经各种方法治疗均无效，应尽快转入手术治疗。

4. 当确定为嵌闭性疝，病程急骤恶化，要尽快手术治疗。

(二)麻醉

麻醉是保证手术顺利进行的重要条件，关系到手术的成败。急腹症病畜往往是在保守疗法不能奏效时，方才考虑手术，大多病情已恶化，心率往住超过 80 次/分以上，严重的超过 120 次/分。如麻醉不当只能促使动物死亡。针刺麻醉技术的不断发展和"846""静松灵"等一批麻醉效果好、副作用小的麻醉药的应用，为外科手术创造了条件，扩大了手术治疗的范围。如 1979 年 10 月 8 日，永宁县仁存公社友爱 4 队的 5 岁怀孕母马，患大结肠纤维性秘结，经三个公社兽医站治疗无效，第 6 日病情急剧恶化，心率达 132 次/分，最高心率达 151 次/分。但采用三阳络、枪风组穴电针麻醉，配合局部浸润麻醉，手术获得成功，最后取一期愈合出院。

(三)手术切口的选择

合理的切口，对病理器官的显露、整复、重建等处理及术后创口的愈合都具有重要意义。如所作切口离病理器官过远，手术中造成病理器官显露的困难，迫使术者对病理器官强行牵拉，造成整复、重建等手术操作的困难，轻者造成内脏器官的损伤而引发粘连，重者发生内脏器官的破裂，污染腹腔。有的还迫使作第二次切口，造成组织不必要的损伤。要确定正确的手术切口，必须术前尽可能将病情诊断清楚，并要清楚局部解剖，使所作的切口既方便手术操作，又尽可能减少组织损伤。

(四)腹腔探查

打开腹腔后，需迅速地找到病患，予以处理，只有解决了病患，病畜才能得以挽救。

1. 对腹压的认识。重危急腹症病畜大多腹压较大。造成腹压大有两个原因，一是肠管大量的臌气，另一个原因是肠管内大量积液。要一分为二地看，既有对手术不利的一面，又有有利的一面。

(1)当腹压过大时，如减压不充分，易引起术中肠管崩裂。如 1973 年我们对一匹肠变位马的抢救，因减压不够，引起盲肠尖从左肷部切口的腹膜很小切口强行钻出而爆裂，造成术区严重污染。同时，因臌满的肠管占满整个腹腔，造成腹腔探查与对病患整复的困难，这些对手术都是不利的。

(2)肠管的臌气或大量的积液，都是肠管梗阻后的病理反应，往往抓着这个示病症兆，经过分析，术者就可顺藤摸瓜，很容易找到发病部位。梗阻部前方肠管臌胀越明显，其后方肠管一定空虚塌陷，这是腹腔探查病变部位非常重要的依据。

2. 充分减压，是腹腔手术治疗的关键之一。肠管臌气和积液是示病症兆，但由此引起的腹压大，也造成了探查和处理病患的极大困难。所以减压就成为腹腔手术治疗的关键。如果我们能充分减压，就可扩大手在腹腔内回旋的空间，既利于探查，又便于对病患的处理。甚至在某些情况下，由于腹压减少，肠管生理功能恢复，或者不用整复，就能自动恢复到正常位置。如 1974 年青铜峡食品公司一患骡，严重臌气，虽经穿刺排气减压，投胃管排气排液，用药等治疗，症状仍急剧加重，后经腹腔穿刺诊断为肠变位而手术治疗。手术中经充分减压后，轻易地就将肠管整复到正常位置而被治愈。

由于腹压减小，腹腔对横膈膜压力也减小，有利于呼吸及血液循环紧张状态的改善。

减压时，臌气严重要放气，肠管积液过多时要放液。其方法：①如切开腹膜前，肠臌气严重，可用带一长硬质胶管的粗针，穿肠放气后再切开腹膜，防止肠管崩裂的发生。②手术探查中肠臌气严重，也可采用以上方法减压，也可酌情切肠减压。③如肠管过多积液，要切肠排液减压。无论采用何种方法减压，都要防止污染的发生。

3. 腹腔探查的要求。想要抓住示病症兆，合理地进行了减压，就要伸手进行腹腔探查。控查不但有一定的技巧，而且有一定的顺序，要动作轻柔、顺藤摸瓜地去检查。严禁在腹腔内乱捅、乱抓、乱摸，防止撕断韧带，捅破网膜或肠系膜，造成人为肠变位。

在探查中，为了鉴别正常与病理，必须熟悉局部解剖生理，了解各部肠管及其内容物的性状，这样在检查中才有鉴别。

(五)各部的探查

毫无根据地盲目探查是严禁的。应是有的放矢，根据肠管示病症兆去探查，才能迅速找到病患。

1. 对怀疑小肠存有病患的探查。怀疑小肠存有病患的主要依据是胃扩张与部分小肠臌气积液。如 1973 年经手术确诊为肠壁肿瘤的患骡，其临床症状为反复胃扩张。手术切开腹壁后，表现大段空肠臌气积液严重。探查中果然在一段空肠壁上检查出造成肠腔阻塞的肿瘤。

一般检查小肠有两种方法。一种是顺小肠始端或末端，将小肠以牵拉出、还纳回的方法检查到末端或始端。其优点是病患不易遗漏，但较繁琐。另一种是检查前肠系膜根。在正常情况下，前肠系膜是游离状态，如扇形。当发生肠变位时，肠系膜拉得紧，似麻花样。当发生结症时，肠系膜虽有移动性，仔细触摸由于结粪重量的牵拉，其游离性较正常有明显差别。当发生肠嵌闭，一部分肠系膜牵拉不动，非常紧。如1975 年永宁县望红一队一公马，临床症状为反复胃扩张。手术切开腹壁后，发现大段空肠臌气和大量积液。检查前肠系膜根，一部分肠系膜牵拉得很紧，沿着拉得很紧的肠系膜检查，发现部分空肠嵌入腹股沟内。

2. 对怀疑大结肠存有病患的探查。怀疑大肠存有病患的主要依据是小肠、盲肠臌气。

在探查大结肠中应将重点放在骨盆曲。其理由：①骨盆曲在腹内为游离状态，肠管急剧地向上回转，并折转向前，肠腔变细，所以是便秘、扭转、折转的常发部位。②骨盆曲位于全段大结肠的正中位置，检查上列大结肠和下列大结肠，距离对等，走向明确，操作简便。而且骨盆曲是由粗大肠管变细，纵带消失且肠壁光平，易与其他肠管区别。

3. 小结肠容易检查，从直肠可查到乙状弯曲，此处是易形成便秘的地方。

4. 检查盲肠时（如左肷部切口）可紧贴腹壁，通过耻骨前沿，向右上触盲肠底，顺纵轴，一直从底体滑摸到盲肠尖。

需要注意的是，当查出并消除以示病症兆为依据的病患后，在闭合腹膜之前，还必须在腹腔内全面仔细检查一次，认为无问题时，方可进行闭合。

表 2-1 典型病例腹内示病症兆表

畜别	临床症状	探查情况	诊断
骡	反复胃扩张	大段小肠积液臌气	空肠壁肿瘤
马	臌胀	盲肠严重臌气，骨盆曲折转、变位	肠变位
骡	臌胀	小肠严重臌胀	肠变位
马	臌胀	盲肠臌气，大结肠广泛性便秘	大结肠纤维性广泛性秘结
骡	臌胀	盲肠臌气，大结肠广泛性便秘	大结肠广泛性便秘
马	反复胃扩张	小肠积液臌气，一部分肠系膜紧拉	假性阴囊疝
马	胃扩张	小肠积液臌气，一部分肠系膜紧拉	假性阴囊疝

(六)对病患的处理

只有处理和消除了病患，才能从根本上抢救病畜。造成腹痛的腹内病患是多种多样的，要根据实际病情，合理手术处理。

1. 当发生大结肠变位时，首先要充分减压，强硬地牵拉整复是极其错误的。因大结肠体积大，积粪积液多，重量大，强行整复不但不易整复，而且易造成意外损伤。当充分减压后，腹内空间增大，肠腔体积减小，重量变轻，肠管游离性增大，就可轻易使之复位。如1973年宁夏农学院农场一匹13岁肠变位马的手术中，由于是骨盆曲折转变位，盲肠从左侧出现，我们就不急于整复，先进行充分减压，将臌气放尽，将能取的畜粪尽力通过肠切口取出，使腹压大减，肠管游离性大增，腹腔空间变大，此时手入腹内轻柔地摆动，骨盆曲就恢复到原来位置，盲肠也随之还位，而被治愈。

2. 小肠、盲肠的变位，相当部分是因后部肠管梗阻，造成梗阻前部肠管臌气、积液。病畜腹痛引发的起卧翻滚，加之腹压急剧增大，就迫使肠管哪里有空间就向哪里乱钻乱窜，加上具有一定重量结粪肠管伴随的翻转等，就造成了肠管变位（这种变位的前期一般称假性变位，后期由于血循严重障碍，就造成变位肠管淤血、肿胀，甚至坏死等病理过程，被称为真性变位）。

对于变位前期，因肠管病理变化不严重，肠管仍有相当活力，只要充分减压，使腹内腾出一定空间，就容易使变位组织复位或被整复。

所以对肠变位处理的原则仍是充分减压，而后才是摸清方向的整复。

3. 对便秘的处理有三种方法。

（1）注液按压。即先注入大量石蜡油或生理盐水，再有分寸地、恰当地、柔和地按压，按压完后还可酌情注液。

（2）切肠取结。切开结粪肠管，将结粪取出。一般用于纤维结、毛团、结石、沙结等。

（3）对于大结肠广泛性便秘常用以上两种方法有机结合操作。

必须指出，在大结肠、盲肠，尤其是大结肠广泛性便秘时切肠取粪或注液按压，在术后要很快多次大量深部灌肠，吸收水分是大肠重要的功能，当注入的水液被机体吸取后，粪便又重蓄肠内而形成新的梗阻。如1974年在驻宁某部对一匹大结肠广泛性便秘骡的手术抢救，术中将尽可能取的粪便全取出，对于余留的部分采取注液按压，术后没灌肠，又形成新的便秘，骡最终死亡。另如1979年10月8日对一匹大结肠广泛性便秘并骨盆曲纤维硬结的母马手术抢救中，将骨盆曲硬如坚木的约长23 cm的纤维结切肠取出，并尽可能取出大结肠蓄粪，对其余部分充分按压，术后经一天两次的大量碳酸氢钠液灌肠，而得以抢救。

4. 关于嵌顿性阴囊疝。种公马发生嵌顿性阴囊疝的病例不断发生，造成比较贵重的种公马死亡。在临床上我们手术治疗嵌闭性阴囊疝共4例，假性与真性各2例，治疗成功3例，死亡1例。

真性阴囊疝是腹股沟内环前的旁边，由于种种原因造成破口，肠管沿腹股沟内环旁边的破口一直钻到总鞘膜和阴囊皮肤之间的囊内。其特点不仅破裂口处有肠管，而且阴囊皮肤内也有肠管。

假性阴囊疝是肠管钻入腹股沟内环内，甚至到鞘膜腔和精索睾丸在一起。

所谓嵌顿性是造成这两种疝的疝轮都将肠管卡得很紧，疝轮（或内环）对肠管的严重压迫，造成肠管不通，引起腹痛剧烈和全身情况急剧恶化，对此类病畜手术越早越好。

抢救这类病畜的手术关键是保定、麻醉和缝合。只有麻醉和保定好，才能有条件缝合确实。保定可采用后躯仰卧或半仰卧。

麻醉：手术治疗往往病已发展到后期，全身麻醉药物又不安全，有些马电针麻醉的效果不理想。为了手术顺利，可考虑选用合理的复合麻醉方法。

缝合是手术成功的关键，既要确实，又要防止术后创口撕裂。腹壁全层缝合是一种理想的缝合方法。其方法是先从一侧腹壁皮肤、肌肉、腹膜全层穿入腹内，再从另一侧依次从腹膜、肌肉、皮肤穿出，再从皮肤、肌肉、腹膜穿过，然后再从另一侧全层腹壁穿出。其缝合优点是：①皮肤坚韧而结实，闭合打结时不易撕裂创口组织，且闭合牢靠；②结打在皮外，使腹内、创内不留线头，可减少污染、感染机会，利于愈合，且拆线后，创内不留缝线；③为防止闭合打结断线，缝线可加粗。为预防创口裂开的发生，还必须有术后良好的护理工作做保证。

此类病症，肠管严重的受疝轮（内环）压迫，造成严重的血液循环障碍，时间长了就会引起肠管坏死。所以凡是肠管高度受压迫的病例（如肠变位、肠嵌闭等），在手术中都有肠管活力判定的问题。将坏死肠管归入腹腔是危险的，只能招致失败。大量坏死肠管产生毒素被机体吸收，最后必将危及生命。

手术中明显坏死与健康肠管易于区别，但往往介乎二者之间的情况，就要有个判定标准。

肠管活力判定标准：对病变肠管用温热生理盐水纱布湿敷 10~20 分钟，如肠管色泽有明显好转，肠系膜动脉开始搏动，肠管出现蠕动，说明肠管仍有活力，否则坚决切除。

还必须要特别提出的一个问题，就是因肠管被疝轮（环）嵌闭得很紧，造成梗阻前部肠管静脉血回流困难，使大量体液逆转入梗阻前部肠胃内而造成脱水，血细胞压积增高；而且胃分泌盐酸过程所产生的氯离子，也不能由小肠吸收到体内，致使血氯以及血钾进行性降低，从而造成脱水及水电解质平衡紊乱，如不及时补液，易发生低血溶性休克。

肠管被疝轮（环）嵌闭得很紧，使肠管梗阻，随着病程的发展，就会发生肠管坏死，以及肠内微生物生长繁殖过程与肠内容物发酵过程，都会产生大量的有毒物及气体。为了提高手术治疗率，在手术中不仅应排除病理肠管内的内容物或整体切除坏死肠管，而且还应尽力排除梗阻前部胃肠内液体及其内容物，以防吸收后引起败血性休克。

(七)术前术中用药

凡是进行手术抢救的重危急腹症病畜，大多都是病到中后期，腹痛剧烈，肠壁的出血和坏死，腹膜炎的继发，前部胃肠的臌胀和液体的大量分泌，加上食物腐败发酵产物，肠壁组织病理过程的产物以及腹腔炎症产物的吸收，迅速引起严重的机体脱水，自体中毒，甚至心力衰竭，所有这些就对手术抢救设置了严重障碍。为了提高手术的疗效，应早期施以镇痛、减压、补液、强心等维持疗法，以缓和病情，为手术抢救创造条件。根据病情可静注 5%等渗糖盐水、10%~25%葡氨糖液、复方氯化钠、5%碳酸氢钠液、安那加、樟脑水等。

（八）术后护理

不良的护理是手术失败的主要原因之一，鉴于兽医外科手术大多受条件所限，手术中的污染在所难免，但只要认真、合理地手术和护理，术后一期愈合还是完全可能的。

1. 保护创口，严防感染。

2. 术后，病畜常会出现严重脱水，自体中毒，心力衰竭，甚至休克，这就需要我们根据病情酌情采取补液措施，改善病畜全身状况。

3. 术后促进肠管运动机能的恢复，提高肠壁紧张力，促进粪便排出，防止术后肠管的再阻塞与肠粘连的发生。

术后，在全身情况许可的状况下，身披保温覆盖物，在室外小心牵遛运动 20~30 分钟，即可促使肠管正常复位，同时还可以观察术后腹痛症状是否消失，这往往是手术效果的明显标志。

在临床与教学实践中，对重危急腹症病畜的 33 例腹壁疝治疗手术后，或几年来实习动物教学手术后，凡采用碳酸氢钠温热液灌肠的，术后不仅创口愈合快，而且机体恢复也快。这是一个值得提出的问题。

（九）术后碳酸氢钠灌肠的作用

1. 对术后机体的分析及碳酸氢钠液灌肠后的效果。术前由于肠腔梗塞，肠腔内大量积液或臌气，肠内病原微生物大量繁殖并产生毒素；肠内容物迅速发酵分解，产生大量的酸性产物及气体，所有这些被机体吸收后，就造成了机体重剧酸性中毒。

而碳酸氢钠被机体吸收后，就增加了机体丧失的碱储，使机体增加了对酸性产物的缓冲作用，从而逐步促使了机体酸碱的平衡，而有利于消除机体的酸中毒。碳酸氢钠对家畜由于菌体内或外毒素的侵害都具有高度的抗毒能作用，这就利于机体状况的扭转，促进了术后机体的康复。

由于肠管梗塞使其静脉血回流受阻，体液中的水、电解质也伴随大量进入肠腔，术中切开肠管排液减压及腹腔和肠管的暴露蒸发，就加剧了机体的脱水。而大量的碳酸氢钠液为机体吸收后，有利于缓解机体脱水现象。

2. 机体对碳酸氢钠灌肠后的吸收。大肠，特别是直肠，没有分泌物，因此药物不会受到像胃和小肠内那样的胃肠液及酶的复杂影响，大多数动物直肠比小肠吸收稍慢些，但比起消化道其他部位都要快得多。而且大肠的功能主要是吸收水分，所以温热碳酸氢钠液灌肠后，尽管被排出一部分，但大多还是被机体吸收了。

3. 灌肠方法。一般采用深部灌肠，可令人手卡腰部，或手拍眼睛转移注意力，尽可能减少或避免努责。

（十）结语

1. 尽早的手术治疗，合理确实的保定，理想的麻醉是手术成功的前提，迅速地查出病变，合理地处理消除病变是手术成功的关键，认真恰当的护理是手术最后成功的保证。

2. 鉴于我们两次腹腔探查，才确定为阴囊疝的教训，凡临床出现胃扩张、腹痛的公马，术前要直肠检查确定是否为阴囊疝，防止术中查出后再开第二刀。

3. 对 16 例治愈的重危疝痛病畜，和 32 例腹壁疝术后治愈病畜的观察，使役能力都得到了很好的恢复。

九、奶牛急腹症的手术治疗

奶牛急腹症中的顽固性瓣胃阻塞，完全性肠阻塞，肠变位以及肠套叠等病例，药物治疗等保守疗法常不能奏效，只有不失时机的手术治疗才能奏效。手术是奶牛急腹症中一些病必须采用的治疗手段。如顽固性瓣胃阻塞、完全性肠阻塞、肠变位、真胃右方转位以及肠套叠等。

（一）手术时机与适应症

早期确定病情，在疾病尚未恶化前及时地进行手术，是手术成功的重要条件。但在兽医临床上，往往都是在保守疗法不能奏效，才不得不手术治疗。这就容易失去抢救奶牛的良机。在治疗中应针对病情，既不要认为手术万能，又不能千篇一律地进行保守疗法无效后，再转入手术治疗，以防失去手术抢救的宝贵时机。以下情况是手术适应症。

1. 顽固性瓣胃阻塞。应在应用大剂量的泻剂，前胃兴奋剂，直接向瓣胃内注射药物无效，应立即手术治疗。经临床和直肠检查有明显肠变位症状，用药和直肠内整复无效，腹腔穿刺液阳性，应尽快手术治疗。

2. 真胃右方转位病情发展迅速，确诊后应立即手术。

3. 完全性肠阻塞。当诊断为肠阻塞，应用大剂量的泻剂 1~2 剂仍不见效，观察 3~4 天后，症状不见好转，应尽快转入手术治疗。

4. 当诊断为肠变位、肠套叠、肠绞窄时，应尽快手术治疗。

5. 对病情急剧，而又不能很快确诊，为了提高治疗效果，抢救奶牛生命，应尽早剖腹探查，以免失去抢救手术的良机。

（二）保定

最好采用柱栏内站立保定。也可采用倒卧保定。

（三）麻醉

麻醉是保证手术顺利进行和手术成功的重要条件，关系到手术的成败。常采用 2% 盐酸普鲁卡因溶液，腰旁神经传导麻醉，并在手术中配合浸润麻醉。奶牛急腹症往往是在保守疗法不能奏效时，方才考虑手术，而此时大多病情已恶化，心率往往超过 80 次/分以上，严重的超过 120 次/分。如麻醉不当，只能促使动物死亡。而采用 2% 盐酸普鲁卡因溶液，腰旁神经传导麻醉对患牛机体影响小，副作用小，毒性低。对中枢神经系统影响轻微，更适合站立保定情况下手术。随着麻醉技术的不断发展，"846" "眠乃宁" "静松灵"等一批麻醉效果好、副作用小的麻醉药的应用，为外科手术创造了条件，扩大了手术治疗的范围。

（四）手术切口的选择

合理的切口，对病理器官的显露、整复、重建等处理以及术后创口的愈合都具有重要意义。如所作切口离病理器官过远，手术中造成病理器官显露的困难，迫使术者对病理器官强行牵拉，造成整复、重建等手术操作的困难，轻者造成内脏器官的损伤而引发粘连，重者发生内脏器官的破裂，污染腹腔。有的还迫使作第二次切口，造成组织不必要的损伤。要确定正确的手术切口，必须术前尽可能将病情诊断清楚，并要清楚局部解剖，使所作的切口即方便手术操作，又尽可能减少组织损伤。一般瘤胃切开采用左腹壁切口，而肠管、真胃手术常采用右腹壁切口。

（五）腹腔探查

打开腹腔后，即需迅速地找到病患，予以处理，只有解决了病患，病牛才能得以挽救。

1. 腹腔左侧探查。常规切开腹壁后，术者手入腹腔，贴着瘤胃壁，轻柔地触摸检查瘤胃。正常情况瘤胃下 1/3 部多为液状，中 1/3 部多为草团，上 1/3 部多为气体。瘤胃壁与腹膜均光滑，分离开无粘连。如果真胃左方移位，可在 9~13 肋区，触到瘤胃与左腹壁之间，从腹底部移入，与瘤胃完全游离的真胃。沿着瘤胃背囊向前下方可触到网胃。正常情况下网胃前壁光滑，与膈肌完全分离。在膈肌处还可触感到心搏动。如网胃内有较大异物或网胃壁脓肿可初步感知。如异物穿出网胃壁，常可触感到网胃前壁与膈粘连或形成条索状瘘管。如引发创伤性网胃心包炎，可感瘢痕样硬索状粘连，触之膈肌心搏动遥远、不清。

2. 腹腔右侧探查。

（1）切开腹壁观察。常规切开腹壁后，如有大量臭味气体喷出，多预示胃肠穿孔或腐败性腹膜炎。如有多量粉红色腹水流出，多预示肠变位、肠套叠或真胃变位。如腹水流出量多且混有蛋白凝固的絮状物，多为腹膜炎或结肠阻塞。如切开腹壁后大网膜不在切口下覆盖，切口下直接露出真胃，是真胃右方变位。腹腔探查中，如在腹内发现淡黄白色胶冻样凝块时，应怀疑到真胃变位或肠变位。

（2）十二指肠探查。正常情况通过切口可见到十二指肠髂弯曲，如十二指肠髂弯曲积气积液膨胀，说明后部肠管有阻塞。手从网膜上隐窝间孔进入网膜内，沿着网膜向前为十二指肠第三弯曲。如十二指肠髂弯曲空虚，而乙状弯曲积气积液膨胀，则为乙状弯曲阻塞。沿十二指肠髂弯曲向前下方，于肝脏右叶胆囊下方可摸到十二指肠乙状弯曲。沿十二指肠乙状弯曲继续向下检查，在 12 肋骨终末下腹壁处，可摸到幽门及真胃。幽门括约肌厚硬，易被认为病变。

(3)真胃探查。真胃正常情况内容物为粥状，积食时真胃内充满硬固的内容物，体积明显增大，向后上方扩张，甚至可达耻骨前沿。真胃右方变位直接露于切口下，真胃内充满气体和液体，沿切口前方可摸到向外向后上方呈顺时针翻转的真胃大弯，在其下方可摸到较紧张的大网膜。在变位真胃的内侧向前下方可摸到小弯的折转部。

(4)瓣胃探查。瓣胃在真胃的前下方，于肩关节水平线的右侧 7~9 肋间处摸到约呈蓝球状的瓣胃。瓣胃正常内容物手压为生面团状。一旦发生阻塞，内容物坚实，而且瓣胃体积明显增大，甚至超过 13 肋骨。

(5)盲肠探查。手入网膜上隐窝间孔进入网膜上隐窝内，在后上方可摸到盲肠，盲肠游离性大，正常情况下内容物呈半液状。如盲肠积气积液膨胀，小肠也积气积液膨胀，多为结肠或盲结口阻塞。如仅小肠积气积液膨胀，盲结肠却空虚瘪陷，是回盲口阻塞。盲肠体积显著增大积气积液膨胀，是盲肠扭转。由右向左于耻骨前沿上方，沿瘤胃背上囊横行，仔细触摸可发现扭转部位。

(6)结肠袢探查。手入网膜上隐窝内，左手背沿瘤胃右侧面，手心触结肠袢左侧面，手可触摸到整个结肠袢。结肠阻塞，其闭结点常为鸭蛋到拳大的硬粪球，阻塞前部膨气。

(7)空、回肠探查。手在网膜上隐窝内，在总肠系膜结肠袢的周缘可摸到空肠和回肠。空肠闭结点仅为鸡蛋大小，阻塞部之前的肠管积气积液膨胀。肠套叠多发生在空回肠移行段，套叠部肠管明显增粗变硬，触摸似香肠，局部瘀血水肿。套叠部前方肠管积气积液膨胀。部分空肠有时自身扭转 360°，或局部肠管互相绞在一起。该部肠系膜紧张，扭转或绞窄部肠管瘀血水肿甚至坏死，前方肠管积气积液膨胀。

(六)病患的手术处理

1. 对保守疗法治疗无效的瘤胃积食、瓣胃阻塞以及创伤性网胃炎的处理。可采用瘤胃切开的方式进行处理。手术采用左肷部前切口。手术要确实固定瘤胃并严密与腹腔隔离，严防术中污染腹腔。瘤胃固定与腹腔隔离的方法较多，可根据具体条件采用。尔后切开瘤胃，装置橡胶手术洞巾。

(1)对保守疗法治疗无效的瘤胃积食的处理。术者手入瘤胃内，对粗纤维引起的瘤胃积食，可掏出胃内容物的 1/2 或 2/3，缠结成团的尽量取出，剩余内容物掏松并分散在瘤胃各部。

(2)对保守疗法治疗无效的瓣胃阻塞的处理。瓣胃阻塞时体积较正常增大 2~3 倍，网瓣孔呈开放状态，孔内与瓣胃沟中充满干固的胃内容物，瓣胃叶间嵌入大量的干燥如砖茶或豆饼样物质。瓣胃冲洗前，先将瘤胃内容物大部分取出，找到网瓣孔插入空心长胶管，以一定的压力灌入大量的温盐水，泡软瓣胃沟中干固内容物，一面灌水，一面用手指松动瓣胃沟中及瓣胃叶间的内容物。在瓣胃叶间的干固内容物未全部泡软冲散前，一定不要将瓣皱胃孔阻塞物冲开，以免大量灌注水进入皱胃和肠腔，造成不良后果。灌注中助手在牛体外用手相对揉压瓣胃。这样反复灌入温盐水，手指松解干固内容物，并结合助手在牛体外用手相对揉压瓣胃，可将瓣胃内容物松解冲散排出。

（3）网胃内探查与处理。在瘤胃切开前，先手入腹内贴着瘤胃壁，在瘤胃前背盲囊的前下方，触摸紧贴膈肌的网胃，并感知是否粘连。初步判断有无刺入异物与粘连，粘连组织性状，有无网胃壁脹肿、瘘管等。尔后在瘤胃固定与腹腔隔离后，切开瘤胃，装好橡胶手术洞巾。手入瘤胃内，取出 1/2 的瘤胃内容物后，向前触摸网胃前下壁，如网胃空虚皱缩层叠，可灌注温水使网胃展开，尔后查找并取出网胃前下壁的金属异物等。

2. 真胃右方变位、肠变位、肠梗阻的手术处理。

（1）真胃右方变位的手术处理。站立保定后常采用右肷部中切口。腹壁切开后，真胃常暴露切口下而大网膜不见。真胃内积液积气使真胃体积增大 2~3 倍，甚至更大。沿真胃内侧壁入手向前下方探查，可触感到真胃小弯的折转状。此时首先排气排液减压。减压有两种方式。对以积气为主或体积增大不显著的，可用一带长胶管的针头，于上部穿刺放气减压。大多采用切开真胃排气排液减压。方法是将真胃一部分牵拉出创口，切开真胃壁排气排液充分减压。减压后体积变小，重量变轻，便于整复复位。复位以幽门部的位置，作为真胃复位的标准。真胃复位后将大网膜复位。再在幽门部上方 8~10 cm 处将大网膜深浅两层作一皱褶，缝合固定在肷部切口的腹膜与肌层上，使大网膜牢固地粘连在腹壁上，以防复发。

（2）肠变位的手术处理。牛的肠变位在临床上可分为肠套叠、肠扭转、肠绞窄。

①肠套叠的手术处理。多发生在空肠向回肠移行部位，探查时在网膜上隐窝腔内，可触感到香肠样肠段。将该肠段经网膜上隐窝间孔，牵拉到切口外。用手指于套叠顶端将套入肠管由远端向近端逆出。推挤逆出时，推挤压力要均匀，不得猛拉硬拽，以防肠管破裂。必要时剪开套入部外层和鞘部。若套叠段肠管已坏死，或整复困难，应果断行肠切除吻合术。

②肠扭转的手术处理。多为空肠后半部，局部肠管扭转，可在骨盆腔口附近探查发现到扭转积气积液膨胀的肠袢。扭转索紧张似绳索状，可摸清扭转方向，逆向旋转整复。如肠管已坏死，不要急于整复，应结扎坏死肠管对应的肠系肠，切除坏死肠管，尽力排出坏死肠管前部的积液，再行肠吻合。

③肠绞窄的手术处理。肠绞窄的发生，常是部分空、回肠缠在一纤维索韧带上而引发绞窄。如纤维索韧带是缩入腹腔去势公牛断离的精索，缠结肠管与周围又无粘连，可于根部钳夹并断离纤维索韧带，尔后牵出创外处理复位。

3. 肠闭结的手术处理。十二指肠闭结多发于髂弯曲与乙状弯曲，空肠闭结发生不多见。小肠闭结点仅为鸡蛋大小。阻塞物多由粪球、纤维球或毛球形成。结肠闭结多位于结肠袢的中央部，其次是结肠袢的末端部，多为粪性阻塞，约鸭蛋到鹅蛋大小。对粪性闭结，若病程短，肠壁炎症轻微，可采用隔肠按压。按压开后于闭结点前部健康肠管段注入生理盐稀释，再注入石蜡油。对于纤维球、毛球或结石形成的肠阻塞，多采用肠侧壁切开取出闭结物。操作最好牵拉到切口外。十二指肠髂弯曲与空肠可牵拉到切口外操作。十二指肠第三弯曲阻塞，经隔肠注入石蜡油后将阻塞物推移至于髂弯曲再行切开。如发病段肠管发生坏死应进行肠切除吻合术，并将发病段肠管前方积液尽可能排除。

（七）术前、术中用药

凡是进行手术抢救的急腹症奶牛，大多都是在保守疗法治疗无效后，才进行手术治疗。病一般都到了中后期，腹痛剧烈，肠壁的出血和坏死，腹膜炎的继发，前部胃肠的臌胀和液体的大量分泌，加上食物腐败发酵产物，肠壁组织病理过程的产物以及腹腔炎症产物的吸收，都会引起机体脱水，自体中毒甚至心力衰竭，所有这些对手术抢救构成了严重障碍。为了提高手术的疗效，应于术前、术中施以强心、补液，维持体液和酸碱平衡，解除自体中毒等维持疗法，以缓和病情，为手术抢救创造条件。根据病情可静注 5%糖盐水、10%~25%葡氨糖液、复方氯化钠、5%碳酸氢钠液、安那加、樟脑水等。为提高病牛抗感染能力，术前就应用抗菌素。术前反复洗胃、导胃，排出胃内有毒物及毒素，也有利于降低瘤胃压力与腹压。

（八）术后护理

急腹症奶牛手术后一般多引发下痢和胃肠炎，造成进一步脱水和自体酸中毒。此外，鉴于兽医外科手术的具体条件，手术中的污染也在所难免，如护理不当，可能就会发生创口感染或腹膜炎等。同时还会出现瘤胃弛缓。所以只有术后良好的护理，才能保证手术成功。

有条件可进行红细胞压积与二氧化碳结合力的测定，并依据测定值采取补液措施，以缓解自体酸中毒，维持机体体液和电解质平衡。

加强抗感染措施，防止胃肠炎的发生。保护好创口，防止创口感染。

注意胃肠功能的恢复，如出现瘤胃弛缓，应对症治疗。

术后根据疾病和手术情况，绝食 2~3 天或更长时间。开始少量饮水，酌情给予易消化的软食或鲜草。开始采食后，一定要控制采食量。

术后，在全身情况许可的状况下，适时适量进行运动，既可促使胃肠活动，又可防止术后粘连。

十、犊牛脐疝的手术治疗

犊牛　10 月龄，2003 年 4 月 25 日诊疗，平吉堡奶牛场 3 队。

病史：犊牛出生后不久就发生脐疝，并且越来越大。吃食正常。

检查：体温、呼吸、心率正常。脐部疝囊约有小儿头大，触诊疝轮坚硬，疝囊皮温正常，疝顶被毛脱落，听诊可听到肠蠕动音。

手术：术前肌注青霉素 160 万单位、链霉素 100 万单位。采用右侧半仰卧保定。麻醉：肌注速眠新 2.5 ml，手术时配合 0.5%盐酸普鲁卡因液局部浸润麻醉。术部剃毛消毒、创布隔离。在疝前颈部，以腹正中线为顶角，呈"V"形皱襞切开皮肤。发现疝轮肥厚变硬似瘢痕化。脱入疝囊的腹膜完整但厚硬，并与疝轮部分粘连。皱襞切开腹膜，发现脱入疝囊的肠管与疝轮腹膜粘连，此处腹膜又与疝轮粘连。剥离粘连肠管。剥离时宁伤及疝轮组织，勿伤及肠壁，肠壁上可略带被剥离的疝轮组织。肠管剥离游离后闭合疝轮。行纵向全层纽扣状重叠褥式缝合。第 1 组缝合，从皮外进针全层穿入到腹内；再从另侧腹内经腹膜和肌肉层，穿出到皮下，从皮下反向穿入腹内，再从另侧腹内全层穿出到皮外。同法行 3 个相同的缝合。第 2 组缝合从第 1 组缝合对侧皮外全层进针到腹内，再从腹内进针到皮下，再从皮下进针到腹内；再从另侧腹内全层出针到皮外。同法也行 3 个相同的缝合。第 1 组缝合要离疝轮稍远，第 2 组缝合要离疝轮稍近。将肠管等疝内容送入腹内。清洁创内后打结闭合疝轮。先打第 1 组缝合的 3 个结，打结时助手从两侧腹壁向腹中线对挤，以闭合严密。为防止勒伤皮肤，结下均置纱布圆枕。打结后将多余且厚硬的腹膜切除，并将坚硬结缔组织化的疝轮修切成新鲜创面，再清洁创内，尔后向创内撒布青霉素粉。再打第二组结。并使对侧组织重叠在第 1 组缝合创口上。结节缝合皮肤，但不打结。待再次清洁创内，向创内撒布青霉素粉后，再皮肤打结。置结系绷带。为防止创口崩裂，置腹绷带。术后 15 天拆线，一期愈合而治愈。

十一、骒盲肠脱出腹壁疝的手术治疗

骒　10 岁，1983 年 4 月 13 日就诊，石嘴山市郊区尾闸 9 队。

主诉：大约一年前骒跳跃，正好肚撞在木桩上，撞后肚子上就出现了个大包。虽经多次治疗，包一直下不去。

检查：体温 37.3℃，呼吸 13 次/分，心率 48 次/分。患骒精神尚可，反应灵敏，营养中等。听诊呼吸、循环、消化系统均没发现异常。在右腹壁有一人头大梨状疝囊，触之疝轮坚硬，疝囊皮温正常，听诊听不到肠蠕动音，穿刺抽不出穿刺液。畜主要求手术治疗。

手术：术前肌注青霉素 240 万单位、链霉素 200 万单位。采用左侧横卧保定。肌注保定宁 2 ml，手术时配合 0.5%盐酸普鲁卡因液局部浸润麻醉。术部剃毛消毒，创布隔离。在疝前颈部以上下向皱襞切开皮肤。完成手术通路后发现，脱入疝囊内的是盲肠，盲肠尖到盲肠体部约有 20 cm 的盲肠与疝壁粘连。分离疝轮处粘连，牵出盲肠，整个盲肠空虚无内容物，脱入疝内的盲肠不仅被粘连，而且肠壁变的厚硬。肠钳斜向钳夹粘连以上游离段的盲肠，距肠钳 3~5 cm 斜向切断盲肠。健康段端盲肠先全层缝合，再肌浆层包埋缝合。取掉肠钳，清洁吻合的盲肠并归入腹内。切余的盲肠部的肠

内，完全空虚无内容物，内壁为黑色，肠壁显著增厚变硬。将该部分盲肠与疝壁剥离并除去。缝合闭合疝轮。行全层钮扣状褥式缝合。从皮外进针全层穿入到腹内；从另侧腹内穿出到皮外；再从皮外全层进针入腹内，从另侧腹内全层穿出到皮外。同法缝合5针。清洁创内，手入腹内检查，确认无异常后，打结闭合疝孔。打结时将上侧后腿向前转位，以便打结闭合疝孔严密。为防止勒伤皮肤，两侧结下均置纱布圆枕。结节缝合皮肤，但不打结。待再次清洁创内，向创内撒布青霉素粉后再打结。置结系绷带。注苏醒灵5 ml，解除保定后，骡站起。

术后半月拆线，取一期愈合。2月后，电话告知治愈并恢复使役。

十二、骡腹壁疝的手术治疗

骡　8岁，1980年7月15日就诊，贺兰县金贵公社联星11队。

主诉：下午骡受惊跳圈，肚子正好撞在围栏木桩上，戳后肚子上就出现了个大包。连夜拉到自治区一兽医院，经过诊断后又介绍到宁夏农学院兽医院。

检查：体温37.8℃，呼吸25次/分，心率98次/分。患骡营养良好。在左腹壁膝褶前方有一篮球大疝囊，疝囊皮温较高，并有挫伤痕迹，触之软，听诊听到肠蠕动音伴金属音。畜主要求手术治疗。

手术：术前肌注青霉素240万单位、链霉素200万单位。采用右侧横卧保定。肌注氯丙嗪20 ml，静注水合氯醛150 ml，手术时配合0.5%盐酸普鲁卡因液局部麻醉。术部剃毛消毒，创布隔离。在疝颈处皱襞切开皮肤。发现疝囊内有空肠、小结肠和大结肠，疝孔较大，肠内膨气，大结肠内蓄粪较多，还纳非常困难。因采用的是浅麻醉，还纳中患骡挣扎，导致大量肠管涌出，并造成污染。令助手控制好创口，防止更多肠管涌出。将涌出创口的肠管用大纱布包裹，用温热青霉素生理盐水充分清洗，尔后空管切肠放气减压。大结肠切肠放气，并尽可能掏出大结肠内蓄粪，使脱出肠管体积大大缩小。常规缝合空肠、大结肠切口。清洁后将脱出肠管有序归入腹腔。疝孔行全层钮扣状褥式缝合。从皮外进针全层穿入到腹内，从另侧腹内全层穿出到皮外；再从皮外全层进针入腹内，从另侧腹内全层穿出到皮外。同法共缝合8针。缝后手入腹内轻轻摆动，促使腹内肠管复位。检查确认无异常后，打结闭合疝孔。打结时将上侧后腿向前转位，使创口张力减少，以便打结能严密闭合疝孔。为防止勒伤皮肤，两侧结下均置纱布圆枕。结节缝合皮肤，但不打结。待清洁创内，向创内撒布青霉素粉后，再打结。置结系绷带。骡站起后，用青霉素320万单位、2%盐酸普鲁卡因液20 ml行腹腔内注射。

术后15天拆线，一期愈合而治愈。

十三、公马嵌闭性腹股沟阴囊疝的手术治疗

公马　10岁，1975年10月13日就诊，灵武县新华桥华三大队六队。

主诉：早上遛马，遛回来发现马不吃了，并表现肚子痛，全身出汗。拉到公社兽医站灌了药，打了针，肚子痛越加严重，就赶紧向县兽医院拉。

检查：体温 37.8℃，呼吸 36 次/分，心率 103 次/分。患马腹痛剧烈，心跳加快，胃肠蠕动音听诊不到。经直检，前肠系膜与腹股沟右内环之间有拉紧的索状牵拉带，并且牵拉很紧，牵动时患马疼痛加重。诊断为嵌闭性腹股沟阴囊疝。畜主同意手术治疗。

手术：术前肌注青霉素 240 万单位、链霉素 200 万单位。采用左侧卧保定，上方右后肢转位。肌注氯丙嗪 250 mg，静注水合氯醛 150 ml，手术时配合 0.5% 盐酸普鲁卡因液局部麻醉。术部剃毛消毒、创布隔离。在左侧阴囊颈部正外侧靠近腹股沟外环处纵向切开皮肤。分离皮肤与总鞘膜，将分离的总鞘膜阴囊及内容物整体引出创外。纵向切开总鞘膜，发现鞘膜腔内有空肠并牵拉出创口。空肠严重积液，肠壁颜色暗紫。切开病变肠管，尽量排除肠内容物，括约缝合病变肠管切口，以防污染。为了确保疗效，将病变空肠切除。先向出牵拉空肠，在健康肠段部用肠钳钳夹。将腹股沟环用球头刀扩大，以改善嵌闭肠管的供血，另外还可方便向腹内归入吻合的肠管，防止损伤。结扎肠系膜对应血管，切除病变肠管约 45cm。行肠吻合。用温热青霉素生理盐水充分清洗，将肠管归入腹腔。将分离的总鞘膜连同睾丸精索一起捻转，距腹股沟外环 3~4 cm 处缝合结扎，随即以被睾去势的方法将总鞘膜连同睾丸一并切除。扩创的腹股沟环行全层纽扣状褥式缝合。从皮外进针全层穿入到创内，从另侧创内全层穿针出到皮外；再从皮外全层进针入创内，从另侧创内全层穿出到皮外。同法共缝合 3 针。缝合时要穿过创内腹膜或鞘膜。打结时将上侧转位后腿向前，使创口张力减少，以便打结能严密闭合创口。用常规去势的方法结扎切除另侧睾丸。

追访：术后 16 天拆线，约 3 月后追访，马已使役。

十四、兽医腹腔手术的腹壁缝合方法的研究及其缝合器械的改进

家畜腹腔手术，一般都采用常规的腹膜、肌肉、皮肤分层缝合的方法，此法使体内留有缝线和线头，成为异物刺激，容易造成感染化脓，甚或形成经久不愈的瘘管而延长治疗时间。在某些腹壁疝手术治疗中，常因疝环周围肌肉发生严重撕裂，或因疝环周围组织发炎，采用常规的分层缝合也很困难，有时手术中会出现肌肉等组织再撕裂，以致造成疝孔不易闭锁而手术失败。

从 1973 年以来，我们在 83 例家畜腹腔手术中改用了腹壁全层缝合的方法，不仅使缝合简化，因拆线后，创内没有异物，创口不易感染，愈合快，缩短了治疗时间。

(一)家畜腹腔手术的腹壁全层缝合方法

1. 缝合用品的准备。缝针：一般采用较长的"△"形弯皮肤缝合针（规格：△3/8 圆，12×48），用前同其他器械一起消毒。缝线：一般采用 18 号粗缝合线，为了防止术

中崩断，可将两根拈合为一股，长度为 25~40 cm。用前在 75% 酒精中浸泡消毒。

2. 缝合方法。缝合时根据腹壁不同部位及其腹压和张力的大小，分别采用腹壁全层结节缝合和腹壁全层纽扣缝合。

腹壁全层结节缝合，一般适用于腹压和张力较小的肷部。缝合时，持针从一侧腹壁全层穿入腹内，再由腹内相应点穿出腹外，针距为 1~1.5 cm（见图 2-3、图 2-4）。

腹壁全层纽扣状褥式缝合，适于腹下及腹压和张力较大的部位及腹壁疝的缝合，方法如图 2-3 之右图。缝合时，持针从一侧腹壁全层穿入腹内，再由腹内另侧穿出皮外，再反向从腹壁全层穿入腹内，再由腹内另侧穿出皮外。

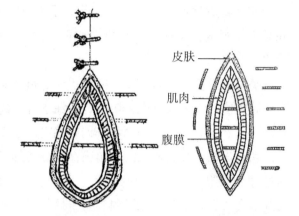

图 2-3　腹壁全层结节缝合　　图 2-4　全层钮扣状褥式缝合

（二）典型病例介绍

病例一。永宁县仁存公社友爱三队 3 岁母马一匹，于 1979 年 10 月 2 日患大结肠顽固性便秘。先后在三个兽医站治疗无效，第 6 天病情恶化，心律达 132 次/分，最高达 151 次/分，于 10 月 8 日下午 5 时来我院手术抢救，创口采用腹壁全层结节缝合，术后 10 天拆线，一期愈合出院。

病例二。灵武县马家滩公社马祥八队 8 岁母马一匹，1973 年 6 月 30 日被车辕端捅伤膝前左腹壁，使肠管大量脱至皮下，触诊有碗口大的疝环。7 月 2 日手术中，用腹壁全层纽扣状褥式缝合，另行皮肤结节缝合，术后 9 天拆线，一期愈合出院。

病例三。永宁县养和公社王太九队 10 岁怀孕母牛一头，1973 年 11 月 2 日被另一头牛顶伤右侧倒数第二肋间，肠管大量脱至皮下，当天下午在我院手术治疗。此牛肋间肌瘦薄且撕裂严重，进行疝环闭锁十分困难，但采用皮肤、肋间肌和腹膜贯穿纽扣状褥式缝合，并适当配合交叉织网式缝合，终将疝环完满闭锁。术后 11 天拆线，一期愈合出院。

病例四。永宁县养和公社王全四队 17 岁骟骡一匹，于 1980 年 5 月 21 日被牛从右鼠蹊部将腹壁抵穿，并有约 2 米肠管脱出腹外，污染严重。当晚 10 时进行手术时，发现肌肉一直被撕裂到耻骨，很难闭锁创口。但经腹壁全层纽扣状褥式缝合，并在缝合中适当配合交叉织网式缝合后，使创口得到严密闭锁。术后 10 天拆线，一期愈合出院。

（三）缝合器械的改进

腹壁全层一次缝合方法虽好，但在实际手术操作中，深感在有的病例中其缝合器械使用不便，需要加以改进。因为用一般器械缝合时，为了防止缝住肠管，从腹外向腹内进针的针尖，必须抵在腹内左手的食指端上，待持针钳伸入腹内拔针之际，如果针麻或药麻不太确实，动物因受刺激而出现扭动，易使针尖刺伤食指或从指端滑脱。当腹壁较厚时，按预定点进针和出针也有困难，因受缝针长度和弧度的限制，术者需用劲较大，结果易造成缝针被别弯或针尖被别断。尤其深层腹肌和腹膜被撕裂、位离创口较远时，为了将深层腹肌和腹膜都能缝合上，进针点要离创口较远，拔针的持针钳也要伸入腹内较远，此时更易刺伤肠管、别弯别断缝针，家畜稍有骚动，缝合就很难进行。特别由腹内向腹外出针，因伸入腹内较远，往往迫使术者不得不扩大创口。

后来我们在鞋匠的钩锥中得到启发，制作了一种适于腹腔手术全层一次缝合的器械，先用于大母猪去势的腹壁缝合，继而用于大家畜的腹壁缝合，实践证明效果良好，使缝合更加简便、安全、迅速。

1. 钩锥的制作。钩锥有将缝线带入腹内的带线钩锥和将腹内缝线钩拉到腹外的拉线钩锥两种，都由锥柄、锥针两部分组成，只是钩针的缺口方向不同。

锥柄：可用百货商店出售的家用锥柄，为了便于消毒，以铁制为好。

锥针：用直径 1.8 mm 细钢丝制成，一端锤成 2.0~2.1 mm 宽，磨出锥尖，再用钢锯锯出缺口，但两种锥针的缺口方向相反（见图 2-5、图 2-6）。

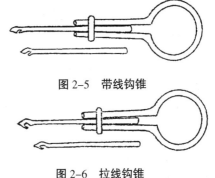

图 2-5　带线钩锥

图 2-6　拉线钩锥

2. 钩锥使用方法。

第一步由腹外用带线钩锥将缝线带入腹内。操作时，左手四指入腹内，阻挡肠管并与拇指捏住一侧腹壁，右手持带有缝线的钩锥在预定点刺入腹内，抵左手食指与中指间，用以夹住缝线使之从缺口中脱出，并将缝线拉入腹内。

第二步用拉线钩锥由对侧腹外刺入腹内，从腹内将缝线钩拉出来。操作时，右手持钩锥于另侧腹壁外预定点刺入，抵左手食指与中指间，将已准备好的缝线钩住，并拉出腹外（见图 2-7、图 2-8）。

（四）小结

1. 采用腹壁全层缝合法，尤其腹壁全层纽扣状褥式缝合。打结后容易使腹膜壁层外翻且相对吻接重叠，腹膜壁层再生能力强，有利于创口愈合修复。打结后肌肉被紧束在一起，可避免创囊的形成。拆线后体内不留缝线和打结线头，有利于创伤净化，减少感染机会。且缝合后，在打结之前，可彻底处理创内并将抗菌素或消炎药直接撒入创内、腹内后再打结。这可使药物能充分起到作用，促进创口加速愈合。

2. 在腹壁疝治疗中，采用腹壁全层纽扣状褥式缝合，优点更多。皮肤坚韧结实，

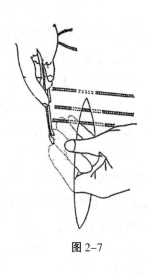

图 2-7

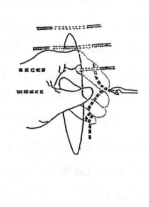

图 2-8

钩锥使用方法

闭合打结时不易撕裂创口组织，使疝环闭锁牢固。皮外打结，体内不留线头；拆线后，创内不留缝线，可减少异物刺激。为了防止闭合打结断线，缝线可酌情加粗，可避免创口崩裂。

3. 钩锥制作简单，是进行腹壁全层缝合的理想器械。因不需缝针从腹腔内、外连续穿入穿出，有效地避免了缝住肠管或网膜，以及缝针被别弯或针尖被别断的现象，从而进一步方便了缝合操作，缩短了手术时间，使腹壁全层缝合法更加安全、确实、迅速。

4. 在此以前的家畜腹腔手术中，采用常规的腹膜、肌肉、皮肤分层缝合的方法，因为创内肌肉层不能拆除干净缝线，一旦化脓感染就成为异物刺激，什么时候创内肌肉层留有的缝线拆除不干净，化脓感染就不能终止，甚至形成腹壁瘘管，大大延长了治疗时间。采用腹壁全层缝合方法后，因可将创内缝线拆除干净而不留异物，避免了化脓感染，就大大缩短了治疗时间。

十五、家畜胃肠缝合方法的探讨

胃肠浆膜层再生能力强，受损伤后修复快。依据浆膜层的这一生理特点，并尽量避免组织遭受不应有的损害，利于愈合，我们对胃肠缝合方法作了改进。采用不缝合黏膜层，仅缝合浆膜肌层的两次缝合方法，经动物试验及临床应用，效果满意。现介绍如下。

（一）材料

1. 腹腔手术所必需的全部器械。家用缝衣针和4号丝线（胃肠缝合材料）。

2. 试验动物共17头，其中完全失去使役能力的大家畜12头，羊5只。

（二）方法

1. 用常规外科手术方法，进行术前准备、消毒、剖腹、肠侧壁切开，或者瘤胃及皱胃切开。对于肠吻合，在切除肠管与有关的肠系膜时，用直止血钳夹住拟切除段的肠系膜两端，钳尖朝向系膜，与肠管纵轴倾斜约 30°角，倾斜的肠钳尾朝向肛门侧与肠蠕动方向一致。再用两个肠钳分别在两端距切口 3 cm 处夹住肠管，不要夹得太紧，以能阻滞肠内容物外流为宜。结扎好肠系膜血管后，紧贴两端的直止血钳切除肠管。

2. 肠吻合的方法。缝合时由助手扶持两肠钳，使两肠管断端靠近。肠壁上如有出血点，用 4 号丝线结扎，然后开始吻合。首先在两肠端的肠系膜侧和肠系膜对侧通过肠管浆膜肌层缝合一针打结，以固定两端便于缝合，并能防止三角区内小血管出血。开始浆膜肌层的连续缝合时，助手应注意拉紧缝线，使之内翻，直至后壁缝合完毕打结。再用同法行浆膜肌层连续缝合。缝合时，针距 2~3 mm，离创缘 2~3 mm。术者洗手，用生理盐水冲洗肠管，更换敷料，再行前壁连续垂直褥式内翻浆膜肌层缝合。缝毕打结，再翻转用同法行后壁缝合。针孔距第一层缝合约 2~4 mm。缝完检查有无漏粪处，如有则补针。术者洗手，用生理盐水彻底冲洗干净，将肠管归于腹腔。

(三)典型病例

1981 年 8 月 13 日永宁县李俊公社魏团大队五队，7 岁母骡 1 匹，因疝痛到我院附属兽医院就诊。虽经 4 天治疗，腹痛仍很剧烈，且全身状况恶化，经会诊决定剖腹探查。

术前体温 39℃，脉搏 100 次/分，呼吸 32 次/分。腹内探查发现 40 cm 长空肠向肠系膜侧折转，并与大网膜缠绕粘连，致使折转侧肠坏死。剥离与大网膜粘连部分，截除坏死肠管 60 cm，采用两层肌浆层缝合方法行肠吻合。术后 10 天拆线痊愈出院。

(四)小结

1. 胃肠浆膜层由单层扁平细胞构成，再生能力强，受损伤后极易渗出。采用浆膜肌层二次缝合方法，可使肠管浆膜面充分接触，肠吻合后由于迅速形成纤维素、渗出物的假膜，并随后组织增生，故能迅速形成粘连。我们在术后 6 小时对切开瘤胃的羊进行观察，瘤胃缝合处缝线已被纤维素性假膜充分覆盖，且创口已发生较牢固的粘连。尽管供试验的大家畜都是 19 岁以上的老弱家畜，但术后情况良好。经病理教师剖检，肠管吻合端愈合良好。

2. 在行肠缝合时，肠管断缘的浆膜和肌层紧密结合，但黏膜层往往与肌层脱离而塌陷内卷。如果不缝合黏膜层，仅缝浆肌层，就可简化缝合方法，缩短缝合肠管时间，这对重危急腹症病畜争取时间、尽快得到救治是有利的。

3. 该法与进行全层包埋肠吻合手术的肠管外径一样，因不缝合黏膜层，其内径较采用全层包埋缝合术只大不小。胃肠黏膜系由不稳定细胞——被覆上皮细胞构成，其特点是不断地衰老脱落，同时又不断地被新生的细胞所置换。不缝合黏膜层，可使黏膜少受损伤，且不被缝线固定，有利于愈合。愈合后肠腔比较平整，粪便易于通过，术后康复较快。

第三章　直肠、子宫疾病

一、奶牛阴道直肠损伤的手术治疗

奶牛　1胎，1987年4月13日就诊，吴忠市汉渠乡廖桥5队。

主诉：因发生难产，兽医来助产，强力将犊牛拉出后，发现有大量血水从阴门流出，后来发现粪也从阴门出来。

检查：体温38.3℃，呼吸26次/分，心率83次/分。阴道黏膜肿胀，阴道上壁与直肠贯通破裂，创口出血并伴有粪便。直肠内检查腹膜皱褶完整，损伤创口不与腹腔相通。

手术治疗：肌注青霉素240万单位，链霉素200万单位。

保定：六柱栏内站立保定。

麻醉：1~2尾椎间2%盐酸普鲁卡因液15 ml硬膜外麻醉。尽可能取出直肠内粪便。0.1%的新洁尔灭液清洁直肠与阴道。将直肠肛门扩张，塑料缺口瓶卷缩至最细后，塞入直肠内。右手从塑料缺口瓶底入直肠，食指回勾直肠破口，靠大拇指和中指紧紧捏住直肠创口两侧并向肛门牵引，尽可能牵引近肛门。借助灯光将牵引造成紧张的创口两侧，用肠钳固定。钳夹时尽可能多留创缘。为防肠钳挫灭组织和滑脱，肠钳裹缠纱布并用缝线扎紧。将直肠肛门扩张，塑料缺口瓶尽可能抻开，借助灯光用持针钳连续缝合直肠破口。直肠创口缝合后，检查缝合确实后，在其上涂上白芨粘糊，解除肠钳。再次检查并将面团样白芨饼粘贴缝合后的直肠创口上。小心取出塑料缺口瓶，防止V字形缺口边沿损伤直肠、肛门。用0.1%的新洁尔灭液清洗阴道内创口，再将直肠肛门扩张，塑料缺口瓶塞入阴道，尽可能抻开。借助持针钳，缝合阴道内创口。缝合后将白芨稀糊涂入阴道创口。

直肠肛门扩张塑料缺口瓶的制作。将550 ml的矿泉水塑料瓶剪去瓶底，再从瓶底到瓶嘴剪成"V"字形缺口，但不伤瓶嘴，用时拧紧瓶盖。在"V"字形缺口的边沿粘贴胶带，以防边沿损伤组织，为增加扩抻力，制作成双层（见图3-1）。

护理：前三天每天用0.1%高锰酸钾液清洗阴道，清洗后将白芨稀糊涂注阴道创口。

三天以后隔日处理一次。肌肉注射青霉素240万单位、链霉素200万单位，1次/日。后追访治愈，一年后又下一母犊。

讨论：治疗奶牛阴道直肠损伤的关键是缝合损伤的直肠。首先发生阴道直肠损伤后要立即手术治疗。此时损伤的直肠炎性水肿还不严重，缝合容易，且缝合后容易愈合。

图 3-1　直肠肛门扩张塑料缺口瓶

直肠肛门开扩张塑料缺口瓶制作简单，取材方便，可卷压最小直径塞入直肠，瓶口拧紧瓶盖可不损伤直肠，抻开后可直视下缝合损伤的直肠。白芨苦、甘、涩、寒，可收敛止血，消肿生肌，杀菌消炎。用于疮疡初起，或疮痈破溃、久不收口者。遇水粘合，水浸液呈胶质样。将白芨稀糊和饼粘贴直肠创口上，可利于直肠创口的愈合。

二、奶牛子宫脱出的治疗

奶牛　3胎，1988年4月26日就诊，吴忠市高闸乡朱渠3队。

主诉：奶牛上午产犊，产犊后胎衣下的不全，后来子宫也脱出来了，就赶紧请兽医来看。

检查：体温38.5℃，呼吸25次/分，心率83次/分。患牛卧地，阴门外子宫脱出，靠近阴门处脱出子宫根部外翻，黏膜呈肥厚的皱襞，说明是子宫颈。子宫黏膜淤血、水肿，呈黑红色肉冻状，有的发生裂口，并有血水渗出。子宫黏膜附有尚未脱离的胎衣，部分拖地被污染。脱出子宫可见到内陷的孕角。

治疗：1~2尾椎间注射2%盐酸普鲁卡因液20 ml硬膜外麻醉。令畜主御下院门板，让牛横在门板上，固定好头颈部，后驱将板垫高，呈前低后高。在脱出子宫下衬垫一块大塑料布。剥离掉残留的胎衣。用双氧水冲洗脱出子宫，随着双氧水冲洗发生氧化反应，产生大量泡沫并产热，随着产热脱出子宫明显体积缩小。再用温热的0.1%高锰酸钾液彻底清洗。用一块干净的大纱布块将脱出子宫包裹托起。术者用拳头对准内陷的宫角孔将子宫缓缓向阴门内推送，同时令保定头部的人拍打眼睛和头部，以减少牛努责，直至将脱出子宫完全推送到阴门内。手入子宫内，确认子宫完全复位，无异常后，向子宫内放入2 g土霉素胶囊。为防止复发，阴门行18号缝线套垫胶管的烟包缝合。牛站立后肌注催产素。

护理：注意观察，如发现频频努责，及时通知兽医处理，如无异常三天后拆除阴门固定缝合。促进子宫恢复，抗菌消炎。10天内全身用药，半月后酌情配合子宫内用药，以防子宫内膜炎造成不孕。

追访：治疗后没发生异常，遵医嘱加强子宫感染的防治，约一年后正常产犊。

三、奶牛顽固性阴道脱出的手术治疗

奶牛　3 胎，1995 年 4 月 8 日就诊，吴忠市金积镇李华桥 5 队。

主诉：奶牛是第 3 胎了，头两胎到产犊前就发生阴门脱出，卧下脱出，站起就进去了。这次离下犊还近两个月又发生阴门脱出，不像上两次，脱出的多，站起来还不能马上缩回，经过较长时间才能缩回去。

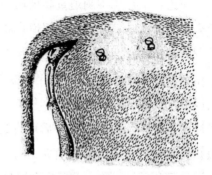

检查：体温 38.3℃，呼吸 23 次/分，心率 71次/分。患牛卧地时发现阴门外有小儿头大的阴道脱出，黏膜粉红。将牛赶起，脱出的阴道不缩回，驱赶牛走约 20 分钟才慢慢缩回阴门内。为习惯性顽固性阴道脱。畜主要求给予手术治疗。

图 3-2　阴道侧壁臀部缝合固定示意图

术前准备：肌注青霉素 240 万单位，链霉素 200 万单位。钩锥一柄，18 号缝线长约 2.5 m，浸入到 0.1%的新洁尔灭液中消毒。纱布圆枕 4 粒并浸入到碘甘油中。

手术治疗。

保定：六柱栏内站立保定。

麻醉：1~2 尾椎间注射 2%盐酸普鲁卡因液 15 ml 硬膜外麻醉。两侧臀中部剃毛消毒。用 0.1%的新洁尔灭液清洗阴道。术者左手入阴道内，尽力将松弛的阴道壁前送，并将阴道壁尽量贴紧骨盆侧壁对准消毒准备的臀中部术部。将 18 号缝线钩到钩锥上并拉紧，以保证缝线不从钩锥上脱离。术者右手持钩锥对准阴道内的左手刺入阴道内，锥尖置左手中指与食指缝间。中指与食指夹紧锥端，钩锥先深入再回拔，使中指与食指夹住缝线并捏紧，将钩锥拔出。将缝线从阴道内拉至阴门外，置准备好的浸透碘甘油的纱布圆枕捆于双缝线中。拉紧臀中术部皮外缝线，缝线归回阴道内并使阴道壁紧贴骨盆侧壁。为防止感染，缝线于臀中皮外拉紧打结时，结上系一碘酊棉球或碘酊圆枕。用相同方法在上针缝合的后方约 8 cm 处，再同法缝合固定阴道壁于骨盆侧壁一针。同法另侧也缝合固定阴道壁于骨盆侧壁前、后二针。刺入钩锥时要避开臀部动脉。在阴道内可摸清搏动的动脉（见图 3-2）。

护理：术后肌注青霉素 240 万单位，链霉素 200 万单位，每天一次连续 3 天。术后 13 天拆线。畜主再没发现阴道脱出而治愈。

四、奶牛隐性子宫内膜炎的治疗

奶牛　1 胎，1987 年 8 月 23 日就诊，吴忠市高闸乡朱渠 1 队。

主诉：奶牛是 1 胎，产后 8 个月了配不上，但月月都发情，发情时流的黏液多，

这次又发情了。

检查：阴道检查没发现异常。直肠检查子宫、卵巢不觉异常，但压迫子宫体流出多量黏液，黏液透明，但有絮状物。诊断为隐性子宫内膜炎。

治疗：用0.1%高锰酸钾液冲洗阴道、阴门。准备冲洗子宫用马导尿管和一直径1~1.5 mm的细胶管，牢固地将细胶管与马导尿管顶端连接在一起，制成带回流支管的导管（见图3-3）。严格消毒并用灭菌石蜡油涂刷马导尿管，马导尿管内插入一根直的粗铁丝，采用直把输精的方式，将马导尿管插入子宫内。抽出铁丝。通过细胶管向子宫内注入生理盐水，将马导尿管末端放到最低，依据虹吸原理，对子宫进行冲洗。冲洗中直肠内的手抬高子宫，尽可能排尽冲洗液，冲洗至回流液洁净没有絮状物。冲洗后向子宫内注入青霉素80万单位、链霉素100万单位。隔日一次，共3次。休息一个情期，待下次发情再配。过了16天牛又发情，直肠检查，卵巢上滤泡壁硬，向子宫内注入青霉素80万单位，再连续观察两天，于第4天直肠检查，卵巢上滤泡较饱满且壁软。此时进行输精。输精后约45小时向子宫内注入青霉素80万单位。3个月后直检发现奶牛已怀孕。后产一母犊。

图3-3 可回流冲洗管

五、奶牛慢性化脓性子宫内膜炎的治疗

奶牛 2胎，1988年3月25日就诊，吴忠市马莲渠乡岔渠桥1队。

主诉：奶牛2胎，产后1年多了配不上，但月月都发情，发情时流的是脓样黏液。

检查：发现奶牛阴门下附有脓样干痂。阴道检查发现子宫颈口开张，颈口有脓样分泌物。直肠检查子宫角变粗，子宫壁增厚，硬度增加，收缩反应微弱。

治疗：用0.1%高锰酸钾液冲洗阴道、阴门。冲洗子宫用能反流的马导尿管，采用直把输精的方式将马导尿管插入子宫内。抽出铁丝。通过细胶管向子宫内注入碘生理盐水（500 ml生理盐水中加入5%碘酊5~10 ml），冲洗时将马导尿管末端放最低，依据虹吸现象原理，对子宫进行冲洗。发现洗出液体浑浊并有大的脓絮，有时将马导尿管阻塞，不得不用100 ml注射器用力抽通，冲洗至冲洗排出液完全清亮后，再用生理盐水冲洗至排出液完全透亮洁净。冲洗后直肠内的手抬高子宫，尽可能排尽冲洗液。向子宫内注入10%的鱼石脂溶液100 ml（10%鱼石脂溶液配制：纯鱼石脂100 g，蒸馏水1000 ml），隔两日处理一次，共3次。过20天牛又发情，直肠检查，发现子宫体积较上次明显缩小，子宫壁变软，收缩反应明显。压迫子宫体，流出多量黏液，黏液透明，但仍有絮状物。对子宫用生理盐水冲洗，尽力排尽冲洗液后，向子宫内注入青霉素80万单位、链霉素100万单位。隔日处理一次，共3次。最后一次用熊胆粉1 g溶入生理盐水注入子宫。过15天后牛又发情。直肠检查，卵巢上滤泡壁硬，向子宫内注入青霉素80万单位。隔一天直肠检查，发现卵巢上滤泡较饱满且壁软，可以进行输精。输精后约48小时又向子宫内注入青霉素80万单位。3个月后直检已怀孕。畜主后来告之产一母犊。

讨论：奶牛隐性子宫内膜炎或慢性化脓性子宫内膜炎都会造成胚胎在子宫内不能着床，或不等卵子受精，精子在子宫内炎性环境下就失去活力被杀灭。子宫发炎后，炎性产物的产生而重量增加，使子宫角下沉，加上子宫弛缓，宫颈口高，而子宫角低，这就使子宫内的炎性产物很难排出，使子宫得不到净化。所以如何使子宫净化是治疗的关键。用马导尿管和一直径1~1.5 mm的细胶管，制作可回流管，依据虹吸现象原理，可使冲洗子宫后的冲洗液回流出。这种治疗方法非常有利于子宫的炎症净化。只有子宫得到净化，子宫才能恢复，才能使胚胎在子宫内着床。用10%的灭菌鱼石酯液能缓和地刺激子宫黏膜的感觉末梢神经，并有血管收缩作用和防腐作用，改善局部组织血液循环，抑制细菌繁殖，使慢性化脓性子宫内膜炎得到治愈。输精前用回流管冲洗子宫，并输入青霉素80万单位，输精后48小时再输入青霉素80万单位，使子宫进一步净化，利于受精卵和胚胎着床。精子进入输卵管使卵子受精变成受精卵，在输卵管内发育到72~96小时后才进入子宫着床。以上处理可将子宫充分净化，利于受精卵在子宫内着床发育。

六、怀胚胎犊牛乳牛的剖腹产术

1997年4月12日至5月9日，宁夏家畜改良站有20头胚胎犊牛产出，除1例因难产死亡外，其余19头全部成活。其中正常产出14头，剖腹产5头。母牛均为黑白花牛，其中经产牛10头，育成牛10头。剖腹产的5头奶牛均为育成牛，其中4头怀夏洛来犊牛，1头怀利木赞犊牛。

(一)麻醉

静松灵注射液8~10 ml，肌肉注射；注射2%盐酸普鲁卡因注射液20 ml于第1-2尾椎间隙硬膜外麻醉；1%盐酸普鲁卡因注射液于切口处浸润麻醉。

(二)术前准备

诊疗室清洗消毒，地面铺橡胶板，孕牛左侧横卧保定。术区剪毛、剃毛、清洗消毒；切口为右侧膝前皱褶上方4~6 cm与皱褶平行、膝前10~12 cm。

(三)手术方法

1. 术部常规严密消毒，用创布隔离。

2. 持刀沿预定手术切口线切开皮肤30~40 cm的切口，依次切开分离各层肌肉、筋膜至腹膜，充分止血后，皱襞剪开腹膜并扩大至所需长度，暴露大网膜。

3. 将大网膜向前推移，暴露出妊娠子宫。如肠管脱出切口，将其还纳腹腔。如肠管遮挡影响操作，可用大块纱布隔离，必要时可用大纱布将肠管等兜裹、创巾钳固定隔离，以免影响操作。

4. 术者将手伸入腹腔，摸清妊娠子宫大弯，并将一部分牵拉出切口外。在露出的子宫周围用纱布与手术创口隔离。在大弯处避开大血管和子叶纵行切开子宫，尽可能将子宫内的液体排出体外。扩大子宫切口至所需长度，摸清胎儿后肢并拉出切口外，之后迅速将胎儿拉出体外。在牵拉过程中助手要护好子宫切口，防止撕裂子宫，并防使子宫缩回腹腔，以免液体进入腹腔。拉出胎儿后迅速将胎儿口鼻内黏液擦净，刺激胎儿呼吸，待胎儿出现呼吸以后，确实处理好脐带。

5. 尽可能剥离取出胎衣，如剥离胎衣有困难时切不可强行剥离，但子宫切口周围的胎衣必须剥离干净。将子宫内积液尽可能排出，并用纱布蘸干，在子宫内撒布四环素粉 2 g。

6. 缝合子宫，先肌浆层连续缝合，再行肌浆层连续包埋缝合。子宫缝合后，清查隔离纱布块和所用器械数，用生理盐水冲洗子宫，子宫创口撒布抗生素粉后将子宫还纳入腹腔，将大网膜进行复位。

7. 闭合腹腔，有 1 例采用腹膜、肌肉、皮肤常规分层缝合，其余 4 例采用腹壁皮肤、肌肉、腹膜全层一次缝合，皮肤再结节缝合。腹壁创口缝合完毕后，用结系绷带隔离手术创口，术毕。

(四)手术前后用药

为提高机体的抗感染能力，术前肌肉注射青霉素 480 万单位、链霉素 300 万单位，术后青霉素 800 万单位、链霉素 300 万单位，用生理盐水 60 ml 充分溶解后，再加入 2%盐酸普鲁卡因液 20 ml 于右肷部腹腔注射，每日 1 次，连续 7 天。术后酌情采用强心、补液等措施。12~15 天拆线，全部为一期愈合。

(五)讨论

1. 手术时机。把握好手术时间，对保证剖腹产手术的成功很重要，在这批产出的 20 头胚胎犊牛中，有 5 头进行了剖腹产。这些移植胚胎均为国外引进的肉牛胚胎，胎儿相对较大。而育成母牛骨盆发育还不充分，硬产道也较狭窄，容易造成难产。因此在产前应仔细检查母牛的骨盆发育情况及临产时的开张程度，并与胎儿大小予以比较，准确判定能否正常产出，若不能正常产出，应尽快进行剖腹产，以确保胎儿成活。

2. 手术切口与子宫切口。采用膝前皱褶上方 4~6 cm 并与之平行线为切口部位。实践证明所采用的这种切口部位，有利于取出胎儿与缝合子宫等操作，5 例均为一期愈合。

3. 腹壁切口的闭合。腹壁切口第 1 例采用了腹膜、肌肉、皮肤常规分层缝合，其余 4 例均采用腹壁全层一次缝合。腹壁全层一次缝合，一是全部缝合完后一起打结，这种缝合不受瘤胃臌气和腹压增大的影响；二是打结前可对创内彻底清理，并向创内撒布抗菌或消炎药后一并打结；三是结均打在皮外，愈合拆线后创内不存留缝线异物，消除了术后感染的隐患；四是这种缝合因可以将缝线拆净，缝合时可选较粗的缝线，以确保创口闭合确实牢靠。

4. 剖腹产对乳牛产奶量的影响。5 例剖腹产牛均是育成牛，与另 5 头正常产的育成牛相比较，剖腹产对产奶量略有影响，但随着牛的逐渐恢复，产奶量也逐渐恢复正常。

七、马直肠狭窄部破裂的手术治疗

1974 年 7 月 9 日，某部队一匹八岁红骟马，在直肠检查时，发生直肠狭窄部全层破裂，经手术治疗后痊愈。

（一）病例介绍

1. 病情介绍：患马于 1974 年 7 月 8 日晚腹痛起卧，9 日八点行直肠检查，直检后发现手上带血，并见马努出带血粪便。此后另一人直检，发现直肠狭窄部破裂，为了防止粪进入腹腔，小心地将直肠内宿粪取净，并立即做手术。

2. 临床检查：体温 38.6℃，脉搏 73 次/分，呼吸 61 次/分。患畜营养中等。表现不安，出汗、发颤，肛门频频作排粪动作，但无粪排出，直检在直肠狭窄部上方有破裂孔。经会诊决定手术治疗。

（二）实施手术过程

1. 保定：六柱栏内站立保定。为防止术中卧地，腹下用保定绳，尾系尾绷带并吊起。

2. 麻醉：用封闭针头在后海穴进针，沿荐椎下向前上方刺入 12~15 cm，边拔针边注射 0.5%普鲁卡因液 60 ml 浸润麻醉。

3. 术部清洗消毒。

4. 手术过程。①左手四指插入肛门内和拇指捏住肛门右上部括约肌，右手持刀在左手拇指前，在肛门右上方，离肛门 3~4 cm 作约 8 cm 长的弧形切口（见图 3-4）。②分离切口下肛门括约肌旁的结缔组织。然后向前侧上方钝性分离直肠边的疏松结缔组织，至止腹膜皱褶。③左手入直肠内，食指穿出直肠破裂孔，向后顶住腹膜皱褶，右手持肠钳对准左手食指捅破腹膜，左手抽出，右手扩大并通过腹膜破口入腹腔，抓住直肠破裂段，牵拉到创口外，此时发现直肠上有一纵行不正的裂口，并用肠钳固定，防止术中缩回。钳夹时创缘要留充分，便于缝合。④严密全层缝合破裂口，用生理盐水充分冲洗缝合后

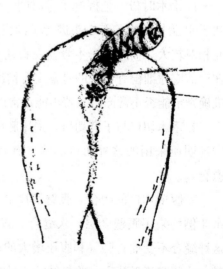

图 3-4　马直肠狭窄部破裂手术部位示意图

的直肠，其上注涂油剂青霉素后还入腹腔。缝合腹膜，并向腹内灌注 0.5%普鲁卡因 30 ml 和青霉素 160 万单位的混合液。⑤清理创道，依次连续缝合疏松结缔组织，尽力消除创腔，切口结节缝合，并置结系绷带保护切口。

术后：① 石蜡油　　　　1000 ml 胃管投服

　　　　②25%萄糖液　　　500 ml×2

　　　　　5%糖盐水　　　 500 ml×2

　　　　　维生素 C　　　　10 ml

静注：③10%安纳加 20 ml 皮注

建议一周内加强防感染治疗，加强护理，严禁灌肠。

经一月余回访，此马痊愈。

(三)讨论与体会

1. 直肠破裂的病例以前也遇到过，一般多在狭窄部破裂，往往由于粪便大量进入腹腔，引起弥漫性腹膜炎和败血症而死亡。对于粪便大量进入腹腔目前还没有好的办法进行处理。即便破裂后粪便不进入腹腔，如拖延时间，破口断端水肿脆弱，也会造成手术时缝合困难。所以早发现早处置是直肠破裂手术成功的重要条件。此马直肠破裂后，立即将直肠内宿粪取净，并在很短时间内就进行手术，这是手术成功的关键。

2. 在教学示范手术中，我们用肛门旁作切口，缝合人造直肠狭窄部的全层破裂，并在手术时进行牵拉直肠试验，证明只能将狭窄部和稍前部分肠管拉出，狭窄部以后的直肠拉出不易。所以选择肛门旁作切口，只适于直肠狭窄部手术。

3. 肛门括约肌外面有肛门系韧带和肛门外括约肌的一些肌纤维向背侧方走，附着于尾前部筋膜，再向内伸延直肠周围主要是疏松结缔组织，所以打开手术通路比较容易，并能将破裂的直肠狭窄部牵拉出，在直视下进行缝合，所以手术较简便，缝合较确实。但是，打开手术通路时，一定要严防肛门括约肌和直肠的损伤，并要防止破坏阴部内动脉，以免造成大出血。阴部内动脉进入骨盆腔内沿肛缩肌表面向后走达于坐骨弓。所以打开手术通路时，方向必须向前侧上方。

八、马直肠脱出的治疗

马　1973 年 5 月 8 日就诊，永宁县仁存公社徐桥大队 3 队。

主诉：马常见到肛门翻出来，并看到蛆虫爬在翻出的红红的肠子上，一到排便时肛门就翻出来，排便完了就缩回去，今天早上见肛门翻出来多，缩不回去。拉到公社兽医站治疗，送进去，过了一会又努出来，而且努出来更多，兽医治不了，让拉到农学院兽医院治疗。

检查：体温 38.1℃，呼吸 23 次/分，心率 73 次/分。患马直肠脱出肛门外，呈圆筒状下垂，圆筒状下垂的肿胀物向下弯曲，手指不能从脱出直肠与肛门间插入。脱出直肠表面污染严重，黏膜表面水肿透明发亮，裂口渗出血水，有的部分黏膜上有灰褐色薄膜样附着物，脱出直肠触之温度冷凉。

治疗：六柱栏内站立保定。2%盐酸普鲁卡因液 15 ml，1~2 尾椎间隙硬膜外麻醉。系尾绷带。用 3%双氧水冲洗，随着双氧水冲洗发生氧化反应，产生大量泡沫并产热；随着产热脱出直肠明显体积缩小。再用温热的 0.1%高锰酸钾液彻底清洗。用一针头浅浅刺破水肿黏膜（注意：仅刺黏膜层，不能伤及黏膜下肌层）。用一块大纱布包裹脱出直肠，挤出水肿液，使脱出直肠体积充分缩小。用温热的 0.1%高锰酸钾液再次彻底清洗，再在脱出直肠表面涂布油制青霉素。术者用拳头对准内陷的脱出直肠孔插入，将脱出直肠缓缓向肛门内推送，同时令保定头部的人拍打眼头部，以免马努责，直至将脱出直肠完全推送到肛门内，尔后深入直肠内检查，确认直肠完全复位，无异常。为防止复发，肛门外行 18 号缝线套垫胶管的烟包缝合。

三天后拆除缝线，建议半月后到公社兽医站驱虫。后追访治愈。

九、新生骡驹直肠狭窄的治疗

骡 3 天，1969 年 4 月 3 日就诊，青铜峡县小坝公社林皋桥大队 3 队。

主诉：骡驹产下才 3 天，出现频频努粪动作，就是排不出便，今天肚子都胀起来了，也不吃奶。

检查与治疗：骡驹腹胀明显，频频努责。手指入肛门可插入，一手向肛门压腹壁，肛门内手指可触及硬的胎粪。从肛门插入灌肠胶管，伸入约 15 cm 就前进受阻。抽出灌肠胶管，将马导尿管涂上石蜡油插入肛门，到受阻处缓缓用力推进，虽通过，但感到吃力。通过导管向肠内注入石蜡油 100 ml，拔出马导尿管，随即排出硬的胎粪，随后又排出稀粪并放屁，腹胀也很快消除。第二天下午又腹胀排不出便，再次插马导尿管，并通过导尿管向肠内注入石蜡油，很快排便排气。以后每天向直肠内插入胶管，胶管一次比一次加粗，10 天后骡驹可顺利排便，完全治愈。

第四章 四肢疾病

一、种公牛髋关节扭挫的诊治

1980 年 4 月 13 日，中宁县畜牧站一头从英国进口的种用纯种英国红牛，因左后肢严重跛行，被诊断为髋关节脱位，认为失去公牛种用价值，准备淘汰处理。

检查：患牛体温、呼吸、心率、食欲均正常。站立左侧臀部稍抬高，左后肢球节下沉不充分，呈减负体重肢式。令牛两后肢均衡负重站立，左侧臀股部肌肉较右侧臀股部肌肉稍欠丰满，按压左侧髋关节压诊点敏感，肌肉震颤，有疼痛反应。测量两侧股骨大转子到臀背正中线、髋结节、坐骨结节间距离均相等，两侧髋关节外部形态无明显差异。两侧后肢跟骨结节高度相同，对比两侧后肢长度相等。观测从两侧后肢蹄尖到膝关节前的肢轴，肢轴方向一致，没有明显轴向改变。令人活动左后肢，听诊器置髋关节部听不到异常音响。运动检查。运动中左后肢外展，表现为前方短步，球节下沉较右后肢不充分，为以运跛为主的混合跛行。后退显困难。根据以上检查，诊断为髋关节扭挫，可以完全排除髋关节脱位，不能淘汰，并建议继续治疗。

治疗：电针刺激大胯、小胯、邪气、汗沟等穴，镇跛痛或川芎元胡注射液，髋关节周围注射；活血镇痛散（川芎 46 g、元胡 62 g、白芷 16 g、红花 16 g）为末灌服。扭伤散局部药敷（栀子、红花、桃仁、杏仁各 50 g 为末以陈醋调制）。

两个月后，告之种牛完全被治愈。

讨论：髋关节脱位是股骨头从髋穴窝脱出，脱位后受周围肌肉、韧带牵拉也必然会出现异常固定。在异常固定的情况下，和健侧肢对比，髋关节外部形态一定要改变，患肢不是变长就是短缩，而且肢轴方向也应发生改变。但检查中对比测量两侧股骨大转子到背正中线、髋结节、坐骨结节间的距离，均相等。两侧髋关节外部形态无明显差异。两侧后肢跟骨结节高度相同。对比两侧后肢长度相等。观测从两后肢蹄尖到膝关节前的肢轴，肢轴方向一致，没有明显轴向改变。活动也听不到股骨头与髋穴窝之间的脱位后的异常音响。所以可以完全排除髋关节脱位。遵医嘱被治愈。

二、骡髋关节脱位的治疗

骗骡　9 岁，1986 年 10 月 8 日，就诊银川郊区银新乡尹家渠 7 队。

主诉：骡到别人家菜地，被驱赶受惊跳沟后，马上左后肢就严重瘸了，表现为三肢跳着走或拖着腿走。

检查：体温 37.1℃，呼吸 19 次/分，心率 53 次/分。

站立检查：左侧臀部髋关节明显变形，测量两侧股骨大转子到臀背正中线的距离，明显比健侧短。和健侧跟骨结节相比，明显高出，左后肢明显缩短。听诊器置髋关节部可听到异常音响。球节不能下沉，蹄尖微微触地负重且蹄尖向前外方。负重时，大、中转子明显向上突出。被动运动患肢内收范围增大，向后活动无抵抗，可将患肢跗跖部放在对侧健肢跟骨结节上，而又不能自行复位。

运动检查：患肢拖拉前进，划大的外弧。根据以上检查，诊断为髋关节上外方脱位。

治疗：手术床右侧横卧保定。保定宁 1.5 ml 行全身浅麻醉。两人握住患肢向前以 50°~60°的角用力拉直，与此同时术者由前向后推压股骨头，听到"咔嚓"声响后，观察两后肢跟骨结节同高，并与两后肢同长，从蹄尖到膝盖骨前的两后肢肢轴方向一致，两侧股骨大转子到臀背正中线的距离相等。证明完全复位。尔后在髋关节周围注射酒精。用车将骡拉回，栽四柱栏将骡站立保定在栏内，腹下用麻袋吊置，以减轻负重疲劳，静养限制活动半月。后追访治愈。

三、犊牛屈腱挛缩的治疗

犊牛　10 日龄，1993 年 3 月 8 日，吴忠市金积镇西门 5 队。

主诉：犊牛产下后站不起来，后能站起来了，但两前蹄踏不下去，只能以蹄背着地。

检查：体温、呼吸、心率均正常。犊牛以球节、系前背部与蹄尖壁触地负重，球节屈曲。

诊断：犊牛屈腱挛缩（见图 4-1）。

治疗：犊牛侧卧保定，两前肢从腕关节以下衬垫棉花，分别先置竹板于背侧，竹板长度与腕关节到蹄底等长，用纱布绷带先从蹄部打绷带，蹄球掌、背侧竹板下垫棉花要增厚。蹄置绷带后将竹板用力靠近腕关节背侧，将蹄背伸至 180°。再在掌侧置同长竹板用纱布绷带固定。竹板绷带装着后，犊牛站立能以蹄尖底部负重。犊牛活动一周后，用此法加大竹板绷带矫正力度，能使全蹄底负重。经三周竹板绷带矫正，拆

图 4-1　犊牛屈腱挛缩

除绷带后，全蹄底负重，球节下沉充分。被治愈。

讨论：指浅屈肌腱、指深屈肌腱和悬韧带分别起于掌骨下部与腕关节的掌侧，分别止于1、2、3指骨，尤其是指深屈肌腱止于第3指骨"蹄骨"的屈腱面。当这些屈腱，尤其指深屈肌腱发育不好挛缩后，就将蹄后拽，造成指关节屈曲。犊牛处在发育阶段，分次渐进采用竹板绷带矫正，通过活动，逐步牵拉屈腱，达到了挛缩的屈腱被矫正治愈的目的。

四、骡滚蹄（屈腱挛缩）的治疗

病例一 骗骡 11岁，1993年7月8日就诊，吴忠市金积镇某奶牛场。

主诉：患骡常年拉草、拉饲料，半年前左前肢瘸了，没怎么管，现在瘸的更加厉害，前蹄踏不下去，以蹄尖着地走路。

检查：体温37.1℃，呼吸13次/分，心率41次/分。站立检查：左前肢以蹄尖着地负重，翻蹄亮掌，露出蹄底。球节、冠、系关系屈曲蹄尖严重磨灭。局部检查：被动运动，背曲左前肢球节、冠、系关节，和右侧肢比，活动明显受到限制，球节以下屈腱紧张，特别系凹部无张力，屈腱较对侧相比较，明显坚硬而肥厚，缺乏弹性，但趾部各关节可以运动。诊断为慢性屈腱炎造成屈腱挛缩而引发滚蹄。

治疗：给骡装钉象鼻子蹄铁（见图4-2、4-3）。削蹄时，要适当切削向后方弯曲的蹄底及负面，尽量将蹄底及负面的方向转向下方，使触地面的蹄尖壁离开地面；装钉象鼻子蹄铁，下钉要牢固，最后钉要钉在最大横径的后方。装钉象鼻子蹄铁初期，由于对挛缩的屈腱强行牵张，出现腱炎和跛行。采用2%盐酸普鲁卡因液10 ml、青霉素160万单位、蒸馏水10 ml，患腱两侧注射。氢化考地松注射液20 ml患肢抢风穴注射。连用7天。溶蹄散10剂，每天温热溶蹄1小时，溶蹄液面达腕部，每剂用3天。治疗15天后骡能全蹄底着地负重，球节可下沉背屈。2个月后球节可下沉充分，全蹄底着地，负重确实。3个月后可以不用象鼻蹄铁，球节就可充分下沉，全蹄底着地，确实负重。治愈。

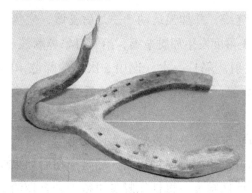

图4-2 象鼻蹄铁

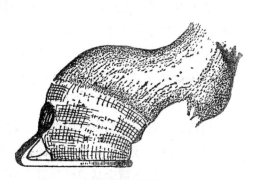

图4-3 滚蹄装蹄矫正法

病例二　骗骡　9 岁，1978 年 7 月 25 日就诊，永宁县望洪公社望洪大队 3 队。

主诉：患骡一年半以前，使役中瘸了，在公社兽医站治了好一段时间，不但不好，而且越来越重，后来瘸的就完全使役不成了，一年多后还无法使役，就拉来了。

检查：体温 36.9℃，呼吸 17 次/分，心率 43 次/分。

站立检查：左臀部抬高，以右后肢负重。左后肢完全以蹄背着地，翻蹄亮掌，露出蹄底并向上。左后蹄从蹄踵到蹄底整个蹄壁延长，比正常蹄长出一倍多。球节、冠、系关系高度屈曲。局部检查触诊左后肢屈腱和右侧肢比明显增粗变硬。被动运动，背曲左后肢球节、冠、系关节，活动严重受到限制。诊断为左后肢屈腱挛缩引发滚蹄。

治疗：二柱栏站立保定，进行修削蹄，左后蹄修削为蹄前壁长约 8 cm，蹄踵壁长约 4.5 cm。

手术：手术台右侧卧保定。青霉素 240 万单位、链霉素 200 万单位肌注。注射 2% 盐酸普鲁卡因液 20 ml 尺神经麻醉，手术中配合局部浸润麻醉。左后肢跖部剃毛、消毒、创布隔离。跗关节上方扎乳胶管置止血带。于跖部外侧正中、趾浅屈肌腱与趾深屈肌腱之间，纵向切开皮肤及皮下筋膜 3~4 cm。用弯止血钳紧贴趾深屈肌腱的前面，深向对侧跖内侧沟方向弧形分离，将两侧跖内、外神经、血管束与趾深屈肌腱分离开。手于隔离巾上，隔皮触摸深入到对侧趾内侧沟内皮下止血钳的位置，以确定趾深屈肌腱确实被分离。助手将跗关节以下患肢跖屈，使屈腱分充弛缓，将球头刀插至创内止血钳前方，抽出止血钳。将球头刀刃垂直直抵趾深屈肌腱，助手逐渐背屈跗关节以下患肢，使趾深屈肌腱也逐渐伸展紧张，术者缓而有力的运刀，当趾深屈肌腱被切断时可感断腱声。断腱后，跖屈患肢，抽出球头刀。检查趾深屈肌腱被完全切断，患肢跖屈症状解除，各指关节可以背曲到正常生理角度，而趾浅屈肌腱完好无损。皮肤结节缝合，但不打结，彻底清创，创内撒布冰片消炎粉（冰片 1 g、消炎粉 5 g 共为细末）后打结。创口置结系绷带，外置压迫纱布绷带，解除止血带。患骡站立后，即可用蹄前蹄底踏着负重。

术后护理：青霉素 240 万单位、链霉素 200 万单位肌注每日一次，连续 5 天。术后第 2 天即可慢步牵遛运动，一周后拆除皮肤缝线，并加强运动。一月后复诊，症状明显改善，但运步时球节下沉仍不充分，为防止再度发生屈腱挛缩，给骡钉象鼻蹄铁。氢化考地松注射液 20 ml 于患肢趾屈腱患部注射。隔日一次，连用 5 次。溶蹄散 10 剂，每天温热溶蹄 1 小时，溶泡液面达跗关节部，每剂用 3 天。半年后追访，完全恢复使役。

讨论：屈腱挛缩的发生原因是屈腱炎。而屈腱炎又是多发病，当使役不当，急速的奔跑、跳跃，或肢式不良、蹄踵过低等，都可以使屈腱受到损伤。屈腱损伤后如果得不到及时治疗，就会从急性屈腱炎发展为慢性屈腱炎。慢性屈腱炎再得不到合理治疗，随着疾病发展就会造成屈腱结缔组织化，进而发展为屈腱瘢痕性收缩而导致屈腱挛缩。早期合理治疗屈腱炎可以有效地预防屈腱挛缩的发生。

屈腱挛缩发生后，随着屈腱挛缩程度的发展加重，临床症状不同，治疗方法也不同。病例一，是以蹄尖底着地负重，并导致蹄尖角质过度磨损。而病例二是以蹄前壁着地负重，因蹄底完全不负重，导致蹄底角质只生长而又完全受不到磨损，造成该患蹄角质比正常蹄角质长出一倍还多。病例二屈腱挛缩的程度要严重得多。病例一装钉象鼻蹄铁，配合治疗屈腱炎的方法就可以得到治愈。而病例二必须采用截断趾深屈肌腱的手术，并配合其他治疗方法才可得到治愈。

装钉象鼻蹄铁和截断趾深屈肌腱都是使屈腱得到伸长，尔后加强屈腱炎的治疗，防止屈腱挛缩复发，是治疗本病的另一关键。否则达不到治疗放果。

五、家畜开放性腱断裂治疗方法的研究

20世纪80年代，随着分田到户，包产到户，家庭联产承包责任制的全面施行，家畜开放性腱断裂疾病的发生明显增多。1981年9月，灵武县郝桥公社兽医站在不到半个月的时间里，就遇到9例开放性腱断裂的病畜，郭桥公社兽医站在不到一周的时间里，也遇到7例开放性腱断裂的病畜，结果全部残废。9月15~18日的3天内，我们在吴忠也遇到4例开放性腱断裂的病畜，采用教科书上的方法进行治疗，即先行常规外科处理，再行腱缝合，然后用石膏绷带固定，但4例全部发生感染化脓。1例改为夹板绷带固定后，在畜主精心护理下治愈，另3例均因残废而被宰杀。据不完全统计，在不到3个月的时间内，仅吴忠、灵武两县就发生家畜开放性腱断裂疾病53例，几乎全部残废被宰杀。鉴于这种情况，对家畜开放性腱断裂的治疗开展了研究。

(一)后肢趾屈腱解剖生理

家畜开放性腱断裂绝大多数是后肢趾屈腱被砍断。后肢趾屈腱主要是跗骨后方的趾浅屈肌腱、趾深屈肌腱和悬韧带。

趾浅屈肌腱起于股骨髁上窝，于小腿下1/3处转为强腱，由腓肠肌腱前面经内侧转到后面，至跟骨结节变宽变扁，似帽状固着在跟骨结节近端两侧，此处有腱下黏液囊。强腱越过跟骨结节变窄，并继续向下延至趾部，在系关节上方跖侧与来自悬韧带的腱板会合，并各自形成腱环供趾深屈肌腱通过。在系关节处有腱鞘，其一支下降抵止于系骨远端和冠骨近端。趾浅屈肌腱、有屈曲腕和趾关节，制止冠关节过度背曲，支持球节达到适当的下沉，及辅助悬韧带的作用。

趾深屈肌腱位于跟腱前面，紧贴胫骨后面，有外侧深头、外侧浅头和内侧头，均起于胫骨近端后外侧缘和后面。外侧深头最大又称姆长屈肌，位于胫骨后面，在趾外侧伸肌的后方，于小腿远端变为粗的圆腱，经跟骨结节内侧向下延伸至跖骨后面。外侧浅头称胫骨后肌，位于姆长屈肌的后外侧，其腱在跗部并入姆长屈肌腱。内侧头最小，称趾长屈肌，位于姆长屈肌的内侧，其腱经跗关节内侧时包有腱鞘，约在跖骨后

1/3 处并入姆长屈肌腱。三个头于跖骨近端后面形成一总腱，于趾浅屈肌腱和悬韧带之间下行，穿过趾浅屈肌腱形成的腱筒，经蹄关节籽骨的屈肌面，止于蹄骨的屈肌面。趾深屈肌腱有屈曲趾关节和支持蹄关节的作用。悬韧带起于大跖骨近端后面，于大跖骨下 1/3 处分为两支，固定系关节籽骨，然后沿系骨内外两侧向前下方斜行与趾长伸肌腱汇合，止于伸肌突。其作用与趾浅屈肌腱支持球节。

后肢趾屈腱主要是屈曲系、冠、蹄关节。趾屈腱与趾长伸肌腱、趾外侧伸肌腱是维持家畜正常运动、相互制约、协调运动的两个矛盾共同体。当趾屈腱发生断裂失去功能，就会使系、冠、蹄关节失去固定而高度背曲，使肢蹄丧失功能。

（二）以往治疗失败的原因

家畜腱断裂在宁夏主要发生在 5~10 月份，7~10 月份最多。兽医临床上受条件限制，腱缝合与固定后，尽管术中进行了较严格的外科处理，术后还是难免发生感染化脓。尤其在炎热的夏天，甚至伴有皮肤坏死。无论石膏绷带固定，还是夹板绷带固定，一旦感染化脓，都不方便进行外科处理，容易导致治疗失败。因此，治疗家畜腱断裂有两个关键：一要合理有效地固定，这种固定要保证创伤安静，被吻合的两断腱端不发生牵拽，利于断腱愈合；二是要方便于外科处理，有效控制化脓感染。

（三）固定方法的设计

根据临床治疗情况，依据屈腱的解剖特点，并针对屈腱断裂发生部位的不同，设计了制动固定的方法。屈腱断裂的制动固定，是用卷轴纱布绷带，打一将球节以下各个趾关节向后屈曲的制动绷带，制动固定期间，使断腱始终处于弛缓状态。根据屈腱断裂的部位不同，分为两种。

1. 跖部上四分之三部分的屈腱断裂，利用蹄与球节上方的背侧，打一将各个趾关节都完全向后屈曲的制动绷带。这种固定因使屈腱完全处于弛缓，能使断腱两断端充分吻合，不会发生牵拽而处于安静状态，并可使创伤部完全暴露，便于外科处理（见图 4-4）。

2. 球节附近部位的腱断裂，利用蹄和跟节上部打一交叉的使跗关节及各个趾关节都屈曲的制动绷带。这种固定也可使屈腱完全处于弛缓，使断腱两断端充分吻合，不会发生牵拽而使创伤部始终都处于安静状态。并且绷带与创伤部之间有一定距离，可使创伤部完全暴露，便于外科处理（见图 4-5）。

3. 采用制动固定绷带治疗，一般创伤 18 天左右就可愈合拆除缝线，30 天左右就可拆除制动固定绷带，但此时愈合的断腱还较脆弱，还容易牵拉损伤，甚至断裂。为了确保疗效，采用钉长尾蹄铁后，再拆除制动固定绷带（见图 4-6）。

（四）典型病例

病例 1　青铜峡市叶盛乡龙门二队 6 岁骟骡　于 1984 年 10 月 15 日下午 5 时，因跑到他人菜地，被人用铁锹将右后肢球节上方屈腱完全砍断，16 日下午 3 点拉到宁夏

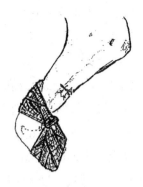

图 4-4 跖部上四分之三 　图 4-5 球节附近部位屈腱断裂制动固定 　图 4-6 长尾蹄铁
部分的屈腱断裂制动固定

农学院兽医院求治。

检查：体温 37.3℃，呼吸 28 次/分，心率 53 次/分。患骡右后肢球节上方跖骨上 3/4 处屈腱完全被砍断，出血较多，创口裂开，上方断腱缩回，屈曲球节以下各关节下方断腱端露出，趾浅屈肌腱和 趾深屈肌腱完全断离，并伤及悬韧带。

治疗：肌注青霉素 240 万单位、链霉素 200 万单位，侧卧保定，确实保定好患肢。2%盐酸普鲁卡因液胫神经传导麻醉，屈腱两侧浸润麻醉。用纱布覆盖创面，将创围被毛剔净，用 5%碘酊消毒，然后用生理盐水液冲洗创内，除去异物和无生肌组织。用止血钳将缩回的上端断腱牵拽出，屈曲趾关节，使下方断腱端露出，使两断腱端充分吻合接连。腱缝合采用纽扣状褥式缝合、两断腱端充分吻接后，持针从一端断腱距断腱端 1.5~2 cm 处，从皮外进针穿过断腱后穿出皮肤。再反向持针从另一断腱距断腱端 1.5~2 cm 处，同法从皮外进针穿过断腱后穿出皮肤，皮肤节结缝合，均不打结。患肢打方法 1 制动固定绷带后，用生理盐水再次冲洗，清洁创内后，创内撒布冰片消炎粉（消炎粉 5 g、冰片 1 g 共研细末），再打结使断腱完全吻连。闭合皮肤创口，包扎绷带。术后六柱栏内站立保定，患畜腹下置腹带或扁绳，并于两后立柱之间横担一结实木棒，当家畜站立疲劳时，可依靠腹带后坐在横棒上休息。创伤隔日处理一次，体温一直正常。于第八天拉回家，并在家中栽的六柱栏内保定，由乡兽医站定时进行治疗处理。18 天后创伤完全愈合，拆除缝线，为防止牵拽断愈合的断腱，仍进行制动绷带固定。一月后钉长尾蹄铁后，拆除制动固定绷带。三月后追访治愈（见图 4-7）。

病例 2 永宁县增岗乡前渠三队 5 岁骟骡于 1983 年 9 月 13 日下午约 3 时，因跑到他人菜地，被人用镰刀将左后肢球节上方屈腱完全砍断，下午 5 点拉到宁夏农学院兽医院求治。

图 4-7 病例一

检查：体温 37.3℃，呼吸 23 次/分，心率 58 次/分。患骡左后肢球节上方约 7 cm 处屈腱完全被砍断，出血较多，创口裂开，上方断腱缩回，屈曲球节以下各关节下方断腱端可露出，趾浅屈肌腱和趾深屈肌腱完全断离，并严重伤及悬韧带。

治疗：肌注青霉素 240 万单位、链霉素 200 万单位，保定宁 2 ml 肌注行全身麻醉。侧卧保定，确实保定好患肢。于创伤上部扎止血带止血。用纱布覆盖创面，将创围被毛剔净，用 5%碘酊消毒，然后用生理盐水冲洗创内，除去异物和凝血块。用止血钳将缩回的上端断腱牵拽出，屈曲趾关节，使下方断腱端露出，使上、下两断腱端能充分吻合接连。腱缝合采用纽扣状褥式缝合、两断腱端充分吻接后，持针从一端断腱距断腱端 1.5~2 cm 处，从皮外进针穿过断腱后穿出皮肤。再反向持针从另一断腱距断腱端 1.5~2 cm 处，同法从皮外进针穿过断腱后穿出皮肤。皮肤节结缝合，均不打结。患肢置制动固定绷带后，用生理盐水再次冲洗，清洁创内后，创内撒布冰片消炎粉，再打结使断腱完全吻连。闭合皮肤创口，包扎绷带。解除止血带后仍出血较多，行临时压迫绷带，肌注维生素 K 10 ml，术后注射苏醒灵，六柱栏内站立保定，患畜腹下置腹带或扁绳，并于两后立柱之间横担一结实木棒，当家畜站立疲劳时，可依靠腹带后坐在横棒上休息。创伤隔日处理一次，一周后拉回家，并在家中栽的六柱栏内保定，由兽医定时上门进行治疗处理。15 天后创伤完全愈合，拆除缝线，但不拆除制动绷带。一月后钉长尾蹄铁后，拆除制动固定绷带。5 个月后追访治愈（见图 4-8）。

图 4-8　病例二

(五)治疗中出现的问题和治疗方法的改进

用上述治疗方法，1985 年 10 月前共治疗开放性屈腱断裂 49 例，其中马、骡 43 例，牛 6 例，全部治愈。但 1985 年 12 月 3 日收治了银川市郊区良田乡双渠口 6 队一匹 7 岁骗骡，治疗一周，患肢的系关节以下全部坏死脱落而治疗失败。该骡是偷吃堆放的糖萝卜时，被人飞锹将左后肢跖上 3/5 处屈腱完全砍断。分析原因，一是制动固定绷带使系关节以下各关节向后过度屈曲，必然影响血液循环，治疗时间正处于严冬，而以前 49 例治疗时间都在 4~10 月。低温加上系关节以下向后过度屈曲对血液循环的影响，导致系关节以下的趾蹄冻伤而坏死脱落。为此，为了防止采用制动固定绷带向后过度屈曲，改用钉长尾蹄铁后再打制动固定绷带。在以后的治疗中，取得了满意的效果，再没发生上述趾蹄坏死而脱落的情况。

(六)治疗方法改进后的典型病例

黑白花奶牛，二胎　银川市兴庆区掌镇某奶牛场。

病史：奶牛在牛床上吃料，该场职工用清粪铲清理牛床上粪便时，该奶牛突然后踢，正好右后肢跖后部猛撞于清粪铲刃部，造成右后肢跖后部严重开放性创伤，创口裂开，出血严重，站立负重时患肢蹄尖翘起，严重背屈，完全以蹄球后侧负重，出现典型的屈腱完全断裂的症状。该场兽医进行了清创，腱缝合和包扎处理，但没固定。牛站立后患肢稍用力负重，腱的缝合就完全撕裂，又出现蹄尖翘起、蹄背屈、蹄球后部负重等屈腱完全断裂的症状。求助诊疗。患牛营养良好，体温 38℃，呼吸 18 次/分，心率 80 次/分，右后肢跖后部系关节上方创伤包扎处，纱布绷带有大量出血。倒卧保定后拆除绷带检查，右后肢跖后部下 1/3 处发生横切创，趾浅屈肌腱、趾深屈肌腱完全断裂，并伤及悬韧带。蹄背屈超出生理背屈角度。为了方便外科处理应用静松灵浅麻醉。严格进行创伤外科处理。

外科处理。为了防止失血过多，先行止血。用乳胶管于跗关节上部扎勒止血，在创口上覆盖一灭菌纱布块，先将创围（离创口 3~5 cm）被毛彻底除去，用 5%碘酊涂擦创围消毒。除去覆盖纱布，用灭菌镊将创口内异物、凝血块等清除。拆除先前缝线，用生理盐水彻底冲洗，然后用灭菌纱布清创蘸干。

缝合断腱。缝合采用纽扣状褥式缝合。腱断裂后，断端发生收缩而相互远离，令人屈曲系部以下关节，使屈腱充分松弛。用止血钳牵引缩入腱鞘的上、下两断腱断端，使两断端充分吻接。采用皮外纽扣状褥式缝合法，距离键断端 2~3 cm 处，用带有 18 号缝线的缝合针从腱侧面刺入皮肤，弧行横穿过趾浅屈肌腱、趾深屈肌腱，穿出对侧皮肤。然后距另一断端 2~3 cm 处，同法刺入皮肤，弧行横穿过趾浅屈肌腱、趾深屈肌腱，穿出对侧皮肤，但不打结。皮肤结节缝合，也不打结。将系关节以下各关节屈曲，使屈腱充分弛缓，将两线端拉紧，使腱两断端充分吻接在一起，但不打结。

钉长尾连尾蹄铁和打制动绷带。

于蹄白线处用电钻钻六个与长尾蹄铁相适应的孔，用铁丝将长尾连尾蹄铁牢固地固定在牛蹄上。利用蹄及长尾连尾蹄铁和飞节后上部，用卷轴纱布绷带置将跗关节以及球节以下各关节屈曲的制动固定绷带，使屈腱充分迟缓，而创伤完全暴露，方便外科处理。置制动固定绷带时，为防蹄铁尾部损伤，充分衬垫纱布或棉花。

置制动固定绷带后，用生理盐水彻底冲洗创内，然后用灭菌纱布清创蘸干，创内撒布冰片消炎粉。将腱缝合线打结使腱两断端充分吻接在一起，皮肤打结闭合创口，置结系绷带。

护理：将牛置于干净的场地，铺厚的垫草，任牛卧地和自由活动，保持清洁卫生，加强营养。每天测体温，观察创伤，用 1‰的稀碘酊或龙胆紫喷洒创部。青霉素 320 万单位、链霉素 200 万单位每日肌注一次，于第 8 日停药，18 天后拆除腱和皮肤缝线，创口愈合，但愈合的断腱处明显肿胀增粗。第 30 天拆除制动绷带，但保留长尾连尾蹄铁。三个月后取掉蹄铁，仍稍有跛行。半年后跛行完全消失而治愈。

（七）讨论

1. 屈腱断裂后，负重时受强力牵引的断腱两断端被牵拉的较远，很难吻合，即使缝合，患肢稍加负重，受强力牵引，缝合的腱断端便发生撕裂，并造成断腱更大的损伤。采用制动固定的方法，系关节以下各关节始终处于屈曲状态，使屈腱充分弛缓，可将断腱端充分吻合，防止了牵拉受伤，为断腱愈合创造了良好安静的环境。

2. 加钉长尾连尾蹄铁的制动固定绷带，既方便打制动绷带的操作，又避免了系关节以下各关节的过度屈曲。使治疗效果更确实。采用制动固定绷带治疗共 86 例，除 1 例在严冬治疗失败外，其余 85 例全部治愈。

3. 30 天左右拆除制动绷带后，此时断腱虽然愈合在一起，但与正常腱组织还是有较大差距，还需要改建修复。如完全失去固定，负重时愈合的腱断受到牵拉，很不利于愈合后腱断的修复。装钉了长尾连尾蹄铁后，扩大了蹄底的负重面积，防止了蹄尖翘起和蹄踵（蹄球后部）过度负重的背屈，缓解了屈腱的牵张，使治疗效果更确切。

4. 腱断裂的固定方法通常有石膏绷带固定、夹板绷带固定等。在临床上，这种固定尽管术中进行了较严密的外科处理，但由于石膏绷带和夹板绷带密闭了创伤，术后还是容易发生化脓感染，尤其是炎热季节，甚至伴有皮肤和腱的坏死。无论是石膏绷带固定还是夹板绷带固定，一旦化脓感染，处理创口时都不方便，这是造成治疗失败的重要原因。采用制动固定的方法，使创伤充分暴露。可以很方便地进行外科处理和临床观察。这就保证了治疗效果。

5. 屈腱完全断裂后，由于运动和肌肉收缩，断腱缩入腱鞘内，使上、下两断腱端离的较远，在处理创伤和腱缝合时，一定要将断腱两断端充分吻合在一起。也有人主张不缝合，因为缝合一般都采用粗缝合线，不能被机体吸收，一旦化脓感染，缝线就成为异物刺激，不利于愈合。另外，若固定不好，无论采用何种缝合方法及材料都无济于事。我们认为对于新鲜污染创，经严密外科处理后，缝合比不缝合更利于愈合，可缩短治疗时间。但已经化脓感染，不缝合比缝合更利于创伤净化，减少异物刺激。无论哪种方法，都必须使屈腱弛缓，上、下两断腱端充分吻合，才能确保治疗效果。

6. 在护理中，骡、马采用六柱栏内站立保定，牛则自由活动。因为骡、马胸下锯肌是腱质，消耗能量少，所以骡、马 24 小时站立吃食都不疲劳。而牛胸下锯肌主要是肌肉，长期站立容易疲劳。因此采用了不同的护理方式。

六、开放性跟腱完全断裂的治疗

家畜的跟腱一旦发生完全断裂，后肢就会失去固定，而丧失运动与站立功能。跟腱止于跟骨结节，位于胫腓骨之后，距胫腓骨还有一定距离，与其形成小腿内、外侧沟。小腿部上粗下细，跗关节由于在胫前肌、腓骨第三肌等肌腱作用下，而不能伸展到 180°，其最大开张度为 150°。由于跟腱及其周围的这些解剖特点，使跟腱完全断裂比屈腱完全断裂难固定得多。所以，跟腱完全断裂，是兽医临床上治疗难度较大的一种疾病。自1982年9月18日以来，我们收治了骡开放性跟腱全断裂9例，全部治愈。

（一）治疗方法

保定：行横卧保定，患肢在上。

麻醉：肌肉注射保定宁注射液，行全身麻醉。

患部处理：跟腱发生开放性全断裂，多因家畜跑到地里糟蹋庄稼，被人用镰刀、锹、铣等砍断。其创伤深、创口裂开大，周围组织损伤严重，血管断裂，出血较多，往往还伴有不同程度的污染。处理时，先用止血带（胶管）于创伤上部捆扎止血，再用纱布将创口覆盖后，将创围被毛剔净，并用5%碘酊消毒，然后用0.1%呋喃西林液或生理盐水冲洗创内清除凝血块、异物及无生机组织。

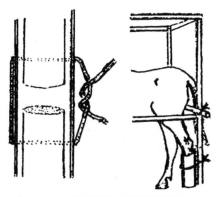

图4-9　患肢固定和全断跟腱缝合

缝合断腱：患部处理后，以跟节为支点，抓住趾部，将患肢尽力后拉，使跗关节开张到最大程度，造成跟腱最大程度弛缓，使断离的上、下两断腱端充分吻接。缝合采用皮外纽扣状褥式缝合法，距离腱断端2~3cm厘米处，用带有18号缝线的缝合针从腱侧面刺入皮肤，横穿过跟腱，穿出对侧皮肤；然后距另一侧腱断端2~3cm处，同法刺入皮肤，横穿过跟腱、穿出对侧皮肤，但不打结（见图4-9）。皮肤结节缝合，也不打结。

固定：在患肢跗关节以下打石膏绷带或夹板绷带，在石膏绷带或夹板绷带内要垫衬纱布、棉花，以防磨损组织。然后将患畜置六柱栏或四柱栏内，在石膏绷带外或夹板绷带外用麻绳或铁丝将患肢固定于后立柱，以限制跗关节屈曲，使跗关节始终保持伸展状态，从而避免跟腱受到牵拉。在患畜腹下置腹带或扁绳，后立柱横担一结实木棍，当家畜站立疲劳时，可向后依靠休息。

吻合断腱，闭合创口，患畜置六柱栏或四柱栏内固定好患肢后，再次彻底处理创伤，先用0.1%呋喃西林液，后用生理盐水再次冲洗，用灭菌纱布贴干创内，向创内撒布冰片消炎粉。将患肢尽力后拽，造成跗关节最大程度的开张，而使上、下两断腱端尽可能吻连，尔后打腱缝合的结。再次处理创内后，打皮肤缝合的结。包扎绷带。此时松开止血带，为减少出血，可酌情肌注维生素K。

（二）病例介绍

灵武县新华桥乡龙三村二队3岁骟骡　于1984年10月29日上午跑到菜地，被人将左后肢跟腱完全砍断，当日请乡兽医站治疗，缝合二次均撕开。于10月30日下午拉至我院兽医院治疗。检查：左后肢跟节上方5.6cm处，跟腱完全横断，创口上下裂开

11 cm，横宽 7 cm，出血较多，创内污染严重。麻醉保定后进行外科处理，清洁创围，清理创内，用 20%硫呋液冲洗，清除凝血块、异物及无生机组织。断腱行皮外钮孔状褥式缝合（不打结），再用 20%硫呋液冲洗创内，用灭菌纱布贴干创内，创内撒布冰片消炎粉，包扎创伤。跗关节以下打石膏绷带，患畜置六柱栏内，将患肢固定于后立柱。此时再将断腱的缝线在皮外打结，打结时尽可将患肢向后，最大程度开张跗关节使上、下两断腱端吻接，置结系绷带。前 5 天，用 20%硫呋液冲洗，并用浸有 20%硫呋液的纱布敷料覆盖创面湿敷，促进创伤净化，并结合全身治疗。从第 6 天开始每日用特定电磁波治疗机，照射 60 分钟，连续 10 天。于 11 月 30 日创面完全长平，断腱完全愈合，以后患肢能逐渐有力地负重，12 月 7 日出院。5 月后追访使役正常（见图4-10）。

图 4-10　骟骡左后肢跟腱断裂治愈前后对比图

（三）讨论

在以往的治疗中，笔者曾采用过有窗石膏绷带对跟腱完全断裂进行固定与治疗，后因严重化脓感染，皮肤坏死，加上外科处理又很不方便而失败。后来又用钢筋铁板焊制的支架绷带治疗，也不理想。跟腱断裂治疗的关键，一是要能合理有效地固定，二是要能很方便地处理创伤。本文所采用的固定方法，就使患肢跗关节在治疗时期始终不能屈曲，保持伸展状态，有利于跟腱两断端尽可能接近，处于安静状态，从而为断腱的生长吻合创造有利的条件。这种固定方法的另一优点是使创伤能充分暴露，进行日常观察和外科处理十分方便，从而保证了治疗效果。

七、兔跟腱断裂愈合过程的观察

我们在进行屈腱和跟腱完全断裂的治疗中，观察到断腱明显是从下方远端向近端生长，为此我们进行了深入研究。

皮肤创伤在愈合过程中，出现大量的肥大细胞参与创伤的愈合（王周南等，1993）。而跟腱愈合与肥大细胞的关系报道较少，本试验对兔跟腱行断腱术后，用普通光学显微镜和电子显微镜观察了肥大细胞、成纤维细胞、巨噬细胞在愈合过程中的作用，同时对断腿近端和远端不等速生长的局部微环境变化进行了探讨。

（一）材料和方法

取 3 月龄以上青年健康兔 8 只，不分雌雄随机分成 4 组。手术器械和手术部位常规消毒后，行跟腱切断手术，绷带包扎。术后第 3 天拆除绷带，第 5、7、10 和 15 天分别处死试验兔各 2 只。分断腱近端和远端取材，所取材料均作正中矢状面并分为 2 份，其中一半放入体积分数为 10% 福尔马林溶液中固定，12 h 后流水冲洗并在 500 ml/L 酒精中软化，常规脱水，石蜡包埋，制成 6 μm 切片，HE 染色，观察组织学结构；并用 2 g/L 甲苯胺蓝染色以观察肥大细胞。另一份材料用 20 ml/L 戊二醛和四氧化锇双固定后，用环氧树脂 618 包埋，LKB Ⅳ型超薄切片机切片，醋酸钠和柠檬酸铅染色，日立 H −600 透射电子显微镜观察，加速电压为 100 kV。

（二）结果

1. 光镜观察。第 5 d 和第 7 d 跟腱远端：血管增生明显，胶原纤维束呈细网状，有定向排列的趋势，成纤维细胞、巨噬细胞数量多，并且腱周组织增生明显，肉芽组织的游离端可见大量的血细胞，胶原纤维有桥接现象。近端：腱周组织有增生现象，出现新生血管，能看到少量的成纤维细胞和胶原纤维丝，有的区域胶原纤维呈网状，肉芽组织中血管开始增生，有的腱组织中仍有腱细胞存在。

第 10 d 和第 15 d 跟腱远端：腱周组织中胶原纤维由细束增粗、密集，呈波浪状沿腱的长轴定向排列，成纤维细胞数量增多，肉芽组织中纤维化区域增大，腱组织开始出现局部变性。近端：腱周组织中胶原纤维增多呈细束，束间成纤维细胞和巨噬细胞增多，肉芽组织局部纤维化，腱组织中开始出现萎缩变性的细胞。

2. 电镜观察。第 5 d 和第 7 d 跟腱远端：有大量的肥大细胞，形态为椭圆形，核较小位于中央或偏于中央，核的异染色质明显，其胞质里的颗粒大小不等，电子密度高，但都有单位膜包着，有的肥大细胞有脱颗粒现象，形成了有膜包被的囊状结构，细胞的表面有一些嵴状的突起和皱襞。伴随着肥大细胞的出现、增多，其周围有成纤维细胞、巨噬细胞，有丝状、网状、细束状的胶原纤维。近端：肥大细胞的数量及胞质内颗粒稀少，有少量的成纤维细胞和巨噬细胞及极少呈丝状的胶原纤维。

第 10 d 和第 15 d 跟腱远端：肥大细胞的数量及胞质内的颗粒逐渐减少，而其周围的胶原纤维束增粗且开始定向排列。近端：胶原纤维束仍较细。

（三）讨论

跟腱在愈合过程中，腱周组织有很强的再生能力，它是跟腱愈合的原因之一（于长隆等，1994）。在正常情况下，腱组织中肥大细胞的数量很少，兔更为明显（成令忠等，1993）。本试验观察结果表明，在对兔跟腱行断腱手术后，随着炎症的发生，肥大细胞出现趋化性移动，朝着炎症部位聚集并释放颗粒，这种颗粒增强了成纤维细胞的活动功能，促进了胶原纤维的合成、分泌、重组和清除。可见在跟腱愈合的早期，肥大细胞的出现，也是影响跟腱愈合的主要原因之一。

　　跟腱愈合过程中远端的生长速度优于近端，主要是因为断腱远端血液供应差，炎症反应强烈，促使肥大细胞的趋化性移动增强，致使血管增生。由于远端肥大细胞数量增多，成纤维细胞和巨噬细胞大量出现，有利于胶原蛋白的合成、胶原纤维重组速度加快；由于血管的增生使断腱的远端改善了血液循环，有利于营养物质和氧的渗透。结果显示，第 5 d 和第 7 d 可观察到远端毛细血管增生明显，同时期近端只有一些血管上皮索，并未形成毛细血管。正常的情况下，肥大细胞是沿毛细血管分布的，可见毛细血管形成的迟早，是决定肥大细胞出现的前提。断腱近端正因为毛细血管形成较晚，长时间的缺氧，无疑影响了成纤维细胞正常的活动功能。因此跟腱在愈合过程中及早建立良好的血液循环有利于消除腱周组织炎症，防止腱周组织发生退行性病变而延迟跟腱的愈合。

　　本试验在电镜下观察到兔的肥大细胞和颗粒的形态与其他动物之间存在有种间差异。当肥大细胞出现脱颗粒现象，用甲苯胺蓝显示肥大细胞时，在光镜下很难见到该细胞，说明当肥大细胞出现趋化性移动时，它们的形态和成纤维细胞、巨噬细胞是难以区别的，因此必须借助于电镜观察。

第五章　牛蹄病

一、牛蹄解剖

牛的指（趾）端有 4 个蹄，3、4 指（趾）端的蹄发达，直接着地负重为主蹄。2、5 指（趾）端的蹄很小，不着地，附着于系关节掌（跖）侧面，称为悬蹄或副蹄。

(一)蹄的角质层

蹄的最外面为角质层，称为蹄匣。蹄匣角质是一种无知觉、坚硬而富有弹性的高度角化的外壳，依其部位和生发关系，可分为蹄缘、蹄冠、蹄壁、蹄球和蹄底。

蹄缘角质：位于蹄匣角质的最上方，是蹄与皮肤连接的地方，呈横行的窄带状，向后逐渐加宽，至蹄的后方，与蹄底面的蹄球部角质相混合，但没有明显的界线。内有漏斗状细小的孔，以容纳蹄缘真皮乳头。蹄缘角质向下延续构成蹄壁角质的表层——蹄漆层。

蹄冠角质：从脱掉的蹄匣观察，上方与蹄缘角质以一条细线状浅沟为界；下方以出现叶片状与蹄壁为界。冠沟不明显，仅为稍凹陷的横行宽带状，至蹄球部变宽，并与蹄缘、蹄球底角质相连接。内面分布有密集的漏斗状小孔，可容纳蹄冠真皮乳头，也是蹄壁中层角质角细管的起始部。从外部看，上部有较窄的蹄冠带，因蹄冠角质直接延续为蹄壁角质，所以与蹄壁角质无可见界线。

蹄壁角质：蹄壁角质为蹄缘角质和蹄冠角质向下的直接延续，在蹄冠的下方，蹄壁角质分为三层，在蹄壁内侧形成叶状层。角质小叶比马的多，短而窄，并缺乏副小叶。蹄轴面和远轴面都有小叶。蹄壁又分为轴侧壁，远轴侧壁，轴侧壁与远轴侧壁的前面为蹄背侧壁或称蹄尖壁。轴侧与远轴侧的后部为蹄球。

蹄底角质：蹄底面白线的内方和蹄球软角质的前方三角形的凹陷部称为蹄底角质。蹄底角质呈中心向上穹隆的三角形板状，上面微凸隆，并有许多漏斗状小孔，可容纳蹄底真皮乳头，也是蹄底角质角细管的起始部。正常牛蹄底的远侧面稍凹，主要靠蹄球和远轴侧壁负重。蹄壁与蹄底相连接的部位是淡黄白线，或叫做白线，是下钉钉蹄铁的部位。

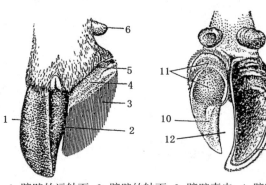
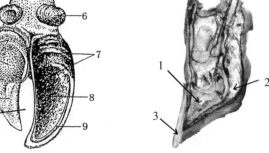

1. 蹄壁的远轴面　2. 蹄壁的轴面　3. 蹄壁真皮　4. 蹄冠真皮
5. 蹄缘真皮　6. 悬蹄　7. 蹄球　8. 蹄底　9. 白线　10. 蹄底真皮
11. 真皮球　12. 指（趾）间隙

1. 蹄骨　2. 指枕　3. 蹄匣

图 5-1　牛蹄解剖示意图

蹄球角质：蹄球部角质薄而柔软，是蹄缘和蹄冠角质向下的延续，并无明显的界限和特征。

前蹄的角度一般为 47°~50°，后蹄为 50°~55°。实际后蹄角度低，低于 45°，后方破折较多。

(二)蹄的真皮层

蹄匣的内面为蹄真皮，依对应的部位分为肉缘、肉冠、肉壁、肉球和肉底。肉缘生长蹄壁角质的最外层。肉冠生长蹄壁角质的中层。肉壁表面排列着肉小叶，与相对应的角小叶相嵌合。使蹄结合为牢固的整体。肉球相对应的是蹄球，生长球角质。肉底生长蹄底角质。蹄角质不断由上向下生长，一般每月约生长 6 mm。

护蹄状况。品种、年龄、性别、饲料、土质、湿度、温度、健康状况、放牧或舍饲等条件都对蹄角质的生长有影响。当有对蹄角质生长不利的条件时，即可发生变形蹄。

(三)牛蹄的缓冲装置

指（趾）枕为楔状，富含脂肪组织，位于蹄骨的后下方，其前上面紧靠指（趾）深屈肌腱，后下面为肉球并成为蹄球的基础。3、4 主蹄之间称指（趾）间隙，指（趾）间隙皮下有富含脂肪组织的指（趾）间脂球。从制作的牛蹄血管铸型标本观察，蹄真皮是由非常密集血管相互交织的血管网衬壳，血管内充满血液。3、4 主蹄的指（趾）间隙之间，由十字交叉韧带相连，使 3、4 主蹄的开张非常有度。富含脂肪组织的指（趾）间脂球和指（趾）枕。蹄真皮充满的血液以及偶蹄的构形，共同构成了保护牛蹄的缓冲装置。

(四)蹄部的骨骼与关节

牛的指（趾）部骨骼从系关节以下呈截然分开的两个指（趾）。每个指（趾）是由系骨、冠骨、蹄骨及下籽骨组成。冠骨的下端、蹄骨和下籽骨构成蹄的基础。蹄骨呈尖端向前的三棱锥形，可分为四个面：上方为与冠骨相连的关节面，关节面前方有伸肌突，指（趾）总（长）伸肌腱止于蹄骨的伸肌突。后下方有与下籽骨相连接的小关节面及一个小的屈肌面，指（趾）深屈肌腱通过远籽骨止于蹄骨的屈肌面。下面也叫蹄底面，较窄而稍凹陷，有2~3个稍大的孔供血管通入。壁面和指（趾）间面通称为蹄壁面，两面之间形成一隆起的脊，并无明显的界线，蹄壁面有许多大小不等的孔和纵向的沟，以供血管通过或进入蹄骨内，在指（趾）间面的近端的角上有一较大的孔称轴孔，供第3、第4轴侧固有动脉进入蹄内。下籽骨是一块小的不正形骨，两端略比中央狭窄，上下各有一小关节面，与冠骨和蹄骨共同构成蹄关节。牛指（趾）部的关节除有关节囊和侧韧带外，在两系骨间有坚强的指（趾）间韧带相连；两个下籽骨与对侧冠骨间也有坚强的交叉韧带相连，有共同防止两指（趾）过分开张的作用。

（五）蹄部的肌腱

蹄部的伸肌腱包括指（趾）总（长）伸肌腱、指（趾）内侧伸肌腱和指（趾）外侧伸肌腱。牛的指（趾）总（长）伸肌腱较细，在掌（跖）的远侧端分为两支，分别延内、外指（趾）的背侧下行，止于两个指（趾）的蹄骨的伸肌突。可伸展指（趾）部的关节。指内侧伸肌腱沿指（趾）总（长）伸肌腱的内侧缘下行，止于内侧指（趾）的冠骨近端前缘及蹄骨的伸肌突，可伸展蹄关节。牛的指（趾）外侧伸肌腱较发达，沿指（趾）总（长）伸肌腱的外侧缘下行，止于外侧指（趾）的冠骨及蹄骨，可伸张和外展第四指（趾）。

蹄部的屈肌腱包括指（趾）浅屈肌腱、指（趾）深屈肌腱和系韧带。指（趾）浅屈肌腱于掌（跖）中部稍下方分为两支，分别止于内、外侧指（趾）的冠骨后面。此两腱支在系关节稍上方各自与一条系韧带浅部的分支相结合，在系关节掌侧形成一腱环，供深屈腱通过。指（趾）浅屈肌腱主要作用是屈曲冠关节。指（趾）深屈肌腱在系关节上方分为二支，分别通过指（趾）浅屈肌腱形成的腱环，止于内、外侧指（趾）的蹄骨掌侧面的后上缘的屈肌面，主要作用是屈曲蹄关节。系韧带的分支比较复杂，约在掌骨的下1/3分为三支，再向下该三支又分为五支，两侧的两对分支分别附着于该侧的上籽骨或混入深筋膜中，并分出斜向伸肌腱的支；中央支则经掌骨远端二部之间的沟内又分为二支，每支与其相对应的伸肌腱相汇合，止于蹄骨的伸肌突。

（六）蹄部的神经

支配蹄部的神经在前蹄主要是正中神经、桡神经和尺神经分布。后蹄主要是由腓神经向下延续的趾背侧神经和胫神经延续的跖内、外侧神经所支配。

因为我们发现有关文献对牛蹄部血管分布的描述与实际牛蹄血管分布有一定出入，所以另文专门阐述。

二、牛蹄部血管分布的研究

为了深入研究牛蹄病的防治，我们制作了各种牛蹄标本。在研究中发现有关文献对牛蹄部血管分布的记载与实际牛蹄血管标本有一定出入。为此，我们邀请国内有关知名专家于 2000 年 9 月进行了鉴定。鉴定后根据专家们提出的意见，我们又进行了一些工作。蹄病是严重危害世界奶牛业的四大疾病之一。参阅到的 2001 年之后的家畜解剖学教材缺少了牛蹄部血管分布的内容，不能满足临床工作对解剖学的需求。现对牛蹄部血管分布的研究报告如下。

(一)材料与方法

选用黄牛蹄 168 只、牦牛蹄 58 只、奶牛蹄 24 只（前后蹄各半），制成可利用的蹄部动静脉血管铸型标本 80 例，其中黄牛蹄 48 例（前蹄 25 例、后蹄 23 例），牦牛蹄 26 例（前蹄 11 例、后蹄 15 例），奶牛蹄 6 例（前蹄 3 例、后蹄 3 例）；蹄部动脉血管铸型标本 48 例，其中黄牛蹄 28 例（前蹄 16 例、后蹄 12 例），牦牛蹄 12 例（前蹄 8 例、后蹄 4 例），奶牛蹄 8 例（前蹄 4 例、后蹄 4 例）；蹄部静脉血管铸型标本 32 例，其中黄牛蹄 14 例（前蹄 6 例、后蹄 8 例），牦牛蹄 12 例（前蹄 5 例、后蹄 7 例），奶牛蹄 6 例（前蹄 3 例、后蹄 3 例）。用 14 只牛蹄制作解剖剥离牛蹄血管标本 6 例，黄牛、牦牛、奶牛各 2 例（前蹄 1 例、后蹄 1 例）。制作先灌注腐蚀后再剥离牛蹄动脉标本 8 例，其中黄牛 4 例、牦牛 2 例、奶牛 2 例（前后蹄各半）。用黄牛前蹄 1 只，注入 76% 复方泛影葡胺，行蹄部动脉造影摄片。另外制作马（驴）蹄部动静脉血管铸型标本 4 例（前蹄 2 例、后蹄 2 例），动脉血管铸型标本 4 例（前蹄 2 例、后蹄 2 例）。猪蹄动静脉血管铸型标本 6 例（前蹄 3 例、后蹄 3 例），动脉血管铸型标本 4 例（前蹄 2 例、后蹄 2 例）。骆驼蹄部动脉血管铸型标本 4 例（前蹄 2 例、后蹄 2 例）。采用以上方法，观察研究牛蹄部血管的分布。

(二)观察研究结果（见附图 1、附图 2）

1. 动脉。

(1)经观察研究，牛蹄部供血前肢主要来自指掌侧第 3 总动脉（a.digitalis palmaris communis Ⅲ），后肢主要是趾背侧第 3 总动脉（a.digitalis dorsalis communis Ⅲ）。上述动脉在前、后蹄部主要分出以下动脉。

a. 指（趾）间动脉（a.interdigitalis）：由指掌（趾背）侧第 3 总动脉于近指（趾）节骨中部分出，前肢指间动脉过指间后，于背侧与指背侧第 3 总动脉相连。后肢趾间动脉过趾间后于跖侧与趾跖侧第 3 总动脉相连。

b. 指（趾）枕动脉（a.tori digitalis）：根据对 74 例前肢牛蹄部动脉（或动静脉）血管铸型标本和剥离标本的观察，指掌侧第 3 总动脉，在指间隙，近指节骨中部分出第 3、第 4 指枕动脉（41 例），或先分出一总支，再由总支分成第 3、第 4 指枕动脉（33 例）。尔后分成第 3、第 4 指掌轴侧固有动脉。

根据对 68 例后肢蹄部动脉（或动静脉）血管铸型标本和剥离标本的观察，后肢趾背侧第 3 总脉分出趾间动脉后分成为第 3 和第 4 趾背轴侧固有动脉。第 3、第 4 趾枕动脉或由趾间动脉分出（20 例）。或由第 3、第 4 趾背轴侧固有动脉分出（35 例）。或由趾间动脉与轴侧固有动脉各分出一趾枕动脉（13 例）。

指（趾）枕动脉主要分布在蹄球部。分出指（趾）枕动脉后，前、后肢轴侧固有动脉的分支分布基本相同。故以下主要介绍第 3、第 4 指掌轴侧固有动脉的分布。

c. 第 3、第 4 指掌轴侧固有动脉（aa.digitales Palmaris propuiae Ⅲ et Ⅳ axiales）：在冠关节上方近指节骨下部的指间隙处，指掌侧第 3 总动脉分成第 3 和第 4 指掌轴侧固有动脉沿轴侧伸延，在中指节骨部依次主要分出中指节掌侧动脉、中指节腹侧动脉和中指节背侧动脉。

中指节掌侧动脉（a.palmaris mlaiae）：横过中指节骨掌侧面，在对侧蹄冠上方有第 3、第 4 指掌远轴侧固有动脉的前支进入。该动脉主要分布于中指节掌侧部的指屈肌腱、韧带及真皮。

中指节腹侧动脉（a.digitalis mldiae ventris）：分支主要分布于中指节骨中远部的轴侧与远指节骨的轴侧和底侧的真皮和韧带。

中指节背侧动脉（a.phalangis olorsalis mlaiae）：在伸腱下面向两侧分为远轴侧动脉支与背侧轴侧动脉支（也有直接分出而没有中指节背侧动脉），主要在远轴侧、背侧、轴侧真皮及蹄冠上下区域分布。

第 3、第 4 指掌轴侧固有动脉分出以上三支主要动脉后，经远指节骨伸腱突内侧的轴孔，进入实为骨髓腔的远指节骨角状管（fistula cornicul atus），在角状管内伸延至角状管顶呈锐角向后远轴侧方折转，折转后的固有动脉称折转固有动脉（a.propres flexus）。

蹄尖动脉支（ramus.pedis axis）、蹄尖侧动脉支（ramus.phalangis axis），由第 3、第 4 指掌轴侧固有动脉于远指节骨内折转角顶向蹄尖分出。

远指（趾）节前背侧动脉支（ramus.onterior aorsalis distalis）：前肢多从蹄尖侧动脉支根部分出。后肢多在折转角（corniculatus flexus）前方的背侧分出，但分布区域相同。

蹄尖动脉支、蹄尖侧动脉支和远指节前背侧动脉支均穿出远指节骨相应的小孔，分支在蹄尖壁及两侧真皮内吻合成动脉网。

远指节骨内底侧动脉支（ramus.phalangis in osi bottom axis distalis）：呈折转角后的第 3、第 4 指折转固有动脉，在内侧分出远指节骨内底侧动脉支，该动脉支横出远指节骨与中指节腹侧动脉的分支，在轴底侧真皮内吻合成动脉网。

第 3、第 4 指折转固有动脉还分出其他一些背侧支和腹侧支，并穿出相应的骨管向真皮分布。尔后折转固有动脉伸延出远指节骨远轴孔，末端分支与指（趾）动脉球部的分支吻合成动脉网。

(2)第 3、第 4 指掌远轴侧固有动脉（aa.digitales Palmaris propria Ⅲ et Ⅳ abaxiales）：

在球部远轴侧蹄冠上方该动脉主要分成两支。前支进入中指节掌侧动脉（前文已述），后支分支进入指枕动脉的分支（见附图3、附图4）。

2. 静脉。经观察，牛蹄部的静脉主要由蹄真皮的静脉和远指（趾）节骨内的静脉逐级向蹄冠部汇集，从蹄的外周主要通过指（趾）背静脉和第3、第4指掌（趾跖）远轴侧静脉向心回流（见附图3）。因前、后肢蹄部静脉基本相同，故仅介绍前肢静脉。

(1)指背静脉（v.digitalis dorsalis）。远轴侧蹄冠静脉弓：由蹄远轴侧的蹄冠静脉丛汇成。越向弓的两端由于汇入的静脉丛递增而增粗。远轴侧蹄冠静脉弓的前部称远轴侧前静脉支（ramus.anterior venae abaxialis），后部称远轴侧后静脉支（ramus.posterior venae abaxialis）。

远指节骨内静脉支（ramus.in osi phalangis venae distalis）：主要由出轴孔远指节骨内静脉网的收集静脉汇集而成。

轴侧前静脉支（ramus.anterior venae axialis）：由蹄前部蹄冠静脉丛汇集而成，位于远轴侧前静脉支与远指节骨内静脉支之间。

第3、第4指背轴侧静脉（vv.digi tales dorsales Ⅲ et Ⅳ axiales）：远指节骨内静脉支、轴侧前静脉支和远轴侧蹄冠静脉弓的远轴侧前静脉支汇合成第3、第4指背轴侧静脉。第3和第4指背轴侧静脉汇合为指背静脉。

(2)第3、第4指掌远轴侧静脉（vv.digitales palmares Ⅲ et Ⅳ abaxiales）：主要由第3、第4指掌轴侧静脉与远轴侧蹄冠静脉弓的远轴侧后静脉支汇合而成。两静脉（支）形成的夹角区，两静脉均有球后部的静脉支汇入。

第3、第4指掌轴侧静脉（vv.digitales Palmaris Ⅲ et Ⅳ axiales）：始于轴侧蹄尖，纵过轴侧，汇集轴侧静脉而成（见附图5）。

(3)交通支：在第3和第4指掌远轴侧静脉之间，连有一横过近指节骨掌侧的横交通支。指背静脉发出纵过指间汇入该交通支的指间交通支。在交通支交汇处发出两条（或一条）伴行于指掌侧第3总动脉的指掌侧第3总静脉（v.digitalis Palmaris communis Ⅲ），后肢该静脉不发达或退化。

在交通支交汇处，指间交通支的两侧，连有始于远轴侧蹄冠静脉横过中指节掌侧的中指节掌侧静脉支（ramus.palmaris venae mldiae）。部分肢该静脉支始于横交通支的始端而成为弓形。

3. 讨论。

(1)据有关文献相同内容的记载："第3和第4指掌轴侧固有动脉在冠关节附近分出较粗的指枕动脉。"

根据对70例前蹄血管标本的观察，第3、第4指枕动脉于近指节骨中部由指掌侧第3总动脉分出。没有观察到由第3、4指掌轴侧固有动脉分出指枕动脉的标本。

后肢趾枕动脉的分出较前肢复杂，我们观察了 72 例后蹄血管标本。后肢趾枕动脉，由第 3 和第 4 趾背轴侧固有动脉或趾间动脉分出。对此，我们进行了细致观察，主要与指掌侧第 3 总动脉和趾背侧第 3 总动脉进入指（趾）间隙的途径位置有关，牛蹄动脉血管的这种构型是以最短的途径向蹄部供血。

（2）据有关文献类似的记载："第 3 指和第 4 指掌轴侧固有动脉于分出上述分支之后，进入远指节骨，分别与第 3 指和第 4 指掌远轴侧固有动脉吻合构成终动脉弓。"

根据观察：第 3、第 4 指掌（趾背）轴侧固有动脉在远指（趾）节骨角状管内伸延中形成折转角。折转后的第 3、第 4 指（趾）折转固有动脉继续伸延出远指（趾）节骨远轴孔，末端分支与指（趾）动脉分支在球部吻合成血管网。第 3、第 4 指掌（趾跖）远轴侧固有动脉的终末分支不进入远指（趾）节骨内，牛在远指（趾）节骨内不形成终动脉弓。对此，我们又制作了马（驴）、猪、驼蹄动脉血管标本相比较，马（驴）、猪、驼蹄部动脉终末都形成终动脉弓，与牛蹄动脉终末构型明显不同。

（3）据有关文献类似的记载："指掌侧第 3 总静脉：由起于蹄静脉丛的第 3、第 4 指掌轴侧固有静脉，在指间汇合而成。"根据观察，在前肢与指掌侧第 3 总动脉伴行的指掌侧第 3 总静脉，始于连接第 3 和第 4 指掌远轴侧静脉与指背静脉之间的交通支的交汇处。而汇集轴侧静脉的第 3、第 4 指掌（趾跖）轴侧静脉，汇入第 3、第 4 指掌（趾跖）远轴侧静脉。文献记载与实际标本不符。

4. 指掌侧第 3 总静脉不直接起始于蹄静脉丛。而后肢趾背侧第 3 总动脉和趾背静脉不是伴行关系。所以向牛蹄部供血的主要动脉没有和向心回流的蹄部主要静脉伴行。指掌（趾背）侧第 3 总动脉于指（趾）间隙中央位置，以最短的途径即分支向两侧指（趾）蹄部供血。而发达的蹄真皮层静脉网和远指节骨内静脉网，逐级向蹄冠汇集成大静脉，主要从蹄的外周通过第 3、第 4 指掌（趾跖）远轴侧静脉和指（趾）背静脉向心回流。牛蹄部动静脉的这种血管构型非常利于动脉血的输入和静脉血的向心回流，从而保证了参与形成角质蹄的各组织能得到大量的血液供应，以适应强烈的蹄角质再生过程，保障了蹄部组织正常的发育和旺盛的代谢机能。

结论。前肢指掌侧第 3 总动脉和后肢趾背侧第 3 总动脉进入指（趾）间隙途径的不同，使前、后肢指（趾）枕动脉的发源部位不同。第 3、第 4 指掌（趾背）轴侧固有动脉在远指（趾）节骨内伸延中形成折转角，继续伸延出远指（趾）节骨后终末分支与指（趾）动脉分支在球部吻合成动脉网，在牛蹄远指（趾）节骨内不形成终动脉弓。蹄静脉逐级向蹄冠部汇集，主要汇集成第 3、第 4 指掌（趾跖）远轴侧静脉和指（趾）背静脉向心回流。指掌（趾跖）侧第 3 总静脉起始于连接第 3 和第 4 指掌（趾跖）远轴侧静脉与指（趾）背静脉之间的交通支交汇处。通过对黄牛、牦牛、奶牛三种牛蹄各种血管标本的研究，发现蹄部血管分支分布基本相同，没有发现明显的种间差别。

三、牛蹄部动、静脉血管吻合支的观察研究

我们在进行牛蹄病综合防治措施研究中，制作了牛蹄部血管铸型标本。在制作标本中发现，约有 16.3% 的牛蹄在用红色铸型剂液灌注动脉血管时，蹄部的静脉出现部分或全部进入红色铸型剂液的现象。红色铸型剂液以何种途径从蹄部动脉血管进入蹄部静脉血管的，为此我们进行了观察研究。

（一）牛蹄血管铸型标本的观察

1. 肉眼观察。共用奶牛蹄 24 只，黄牛蹄 168 只，牦牛蹄 58 只（前、后蹄各半），采用血管铸型法，分 38 批次制作出可利用的牛蹄动、静脉血管铸型标本 80 例（其中奶牛 6 例、黄牛 48 例、牦牛 26 例）。牛蹄动脉血管铸型标本 48 例（其中奶牛 8 例、黄牛 28 例、牦牛 12 例）。牛蹄静脉血管铸型标本 32 例（其中奶牛 6 例、黄牛 14 例、牦牛 12 例）。对各次制作的标本分次进行观察。

结果观察到不正常牛蹄动、静脉血管铸型标本 17 例。5 例是从指掌（趾背）侧第 3 总动脉灌注时，红色铸型剂液进入第 3、4 指掌（趾跖）远轴侧静脉，其中发生于前肢的奶牛、黄牛、牦牛各 1 例，发生于后肢的黄牛 2 例。12 例红色塑胶液进入蹄真皮部分静脉网，其中发生于前蹄的黄牛 4 例、牦牛 2 例，发生于后蹄的奶牛 1 例、黄牛 3 例、牦牛 2 例。

观察到不正常牛蹄动脉血管铸型标本 9 例。有 2 例注入动脉的红色铸型剂液进入整个牛蹄部静脉，发生于奶牛、黄牛前蹄各 1 例。另有 7 例红色铸型剂液进入蹄真皮部分静脉网，其中发生于黄牛前、后蹄各 2 例，牦牛前蹄 1 例、后蹄 2 例。

2. 显微镜观察。将制作好的红、蓝色泽分明的正常牛蹄动、静脉血管铸型标本 3 例，依不同部位剪割为若干小块，分别置于电源显微镜下观察。红、蓝色铸型剂分别铸型的动脉、静脉均成树枝状分支分布，并相互交织成网状。微小动、静脉最终血管的分支为一个个小秃桩。有的桩端和血管壁膨大，色泽似透明。

从大的血管分支开始，逐级跟踪观察，没有观察到微血管的网状结构，血管最终分支均为秃桩样。对 3 例色泽分明的动、静脉血管铸型标本剪割成的各部分小块观察中，在蹄前背侧、远轴侧、轴侧、球部及结合部、蹄球底、蹄底、底缘等处均观察到了动、静脉吻合支。

（二）牛蹄部血管造影及观察

用宰杀后超过 24 h 的黄牛前蹄 1 只，于指掌侧第 3 总动脉注入 76% 复方泛影葡胺行 X 射线血管造影，在荧光屏上清楚地观察到，从指掌侧第 3 总动脉注入的造影剂通过位于近指节骨下 2/3 处，指掌侧第 3 总动脉的分岔处的动、静脉短路直接进入指掌侧静脉，再进入指掌远轴侧静脉。由于静脉的瓣膜作用，造影剂向心回流。

(三)讨论

1. 牛蹄部血管造影在荧光屏上观察到的绝非偶然现象。我们在制作牛蹄部血管铸型标本时，就发现从动脉灌注的红色铸型剂液进入指掌远轴侧静脉的现象。于是也只有选择没有进入侧或进入较少侧的指掌远轴侧静脉灌注蓝色铸型剂液（灌注前需将静脉瓣膜捅破）。因红色铸型剂液凝固后体积缩小，注入的蓝色铸型剂液通过交通支又进入另侧指掌远轴侧静脉，于是腐蚀后，铸型的一侧指掌远轴侧静脉中央为红色铸型，外周为蓝色铸型。又因该侧指掌远轴侧静脉的瓣膜没捅破，蓝色铸型剂液很难进入该侧蹄部静脉，该侧蹄就只制作成为动脉血管铸型标本，而注射蓝色铸型剂液侧蹄制作成红蓝色泽分明的动、静脉血管铸型标本。

血管造影观察到的和制作牛蹄血管标本由指掌侧第 3 总动脉灌注的红色铸型剂液进入指掌远轴侧静脉的现象，都是通过指掌侧第 3 总动脉与指掌侧静脉间的动、静脉短路进入后造成的。但是这种动、静脉短路只有在开放时才会发生上述现象。

2. 在解剖镜下通过对制作的牛蹄动、静脉血管铸型标本观察，在牛蹄部的不同部位都观察到了动、静脉吻合支。细致观察动、静脉吻合支的吻合处，从静脉像有一尖的楔子楔入动、静脉吻合处，可能是用红色铸型剂液灌注动脉时吻合支平滑肌正处于收缩关闭状态，管腔闭塞，留下了平滑肌的压痕。

我们在制作牛蹄血管铸型标本时观察到，牛蹄真皮内的静脉缺乏瓣膜，红色铸型剂液一旦由动脉进入静脉，易在蹄部静脉弥漫扩散，所以出现了整个蹄部静脉都出现了从动脉进入的红色铸型剂，从而也制作出了动、静脉均为红色的牛蹄血管标本。但必须有吻合支开放才会出现这种现象。

在制作标本中还体会到，牛蹄离体时间越长，越容易发生红色铸型剂液由动脉进入静脉的现象，也许是牛蹄离体时间延长，动、静脉短路或吻合支平滑肌逐渐失去作用的缘故。

3. 制作正常的色泽分明的动、静脉血管铸型标本，利用显微镜从大的血管分支逐级跟踪向下观察，只观察到血管均为树枝样分支，最后的分支为短的秃桩端，桩端膨大，有的微、小血管壁膨大。这是铸型剂液进入分支后，因管径狭小，很难再继续注入，因以后血管段的管腔内没有进入铸型剂，所以经腐蚀制作出的铸型标本的最末血管分支为短的秃桩样。微小血管壁薄，如灌注压力大，管壁就会被撑破，使铸型剂液溢出血管外，所以表现膨大。据此在牛蹄部这种浓度的红色铸型剂液很难从动脉通过微循环的毛细血管网进入静脉。

4. 牛蹄叶炎是严重危害养牛业的疾病之一，虽然国内外进行了多方面的实验研究和临床观察，但蹄叶炎确切病因和发病机理还没有一致性结论。不过，在过食病例、高蛋白、高能量、高碳水化合物日粮是引起奶牛蹄叶炎的主要因素，因为高能日粮可使产乳酸的革兰氏阳性菌在牛的瘤胃或马的盲肠过度生长，产生大量乳酸，使瘤胃和盲肠内的 pH 值下降，由此导致革兰氏阴性菌的大量死亡和内毒素的释放。瘤胃上皮细胞发生炎症的情况下，肥大细胞脱颗粒而释放组织胺，瘤胃内环境的破坏，上皮损伤，屏障作用减弱，使有毒物质进入循环系统。"进入循环系统的乳酸、组织胺等这些血管活性物质在蹄部可以引起动、静脉吻合支的扩张，造成多量动脉血未经微循环而直接通过吻合支流入静脉，导致蹄真皮组织供应动脉血不足，引起缺氧代谢，并在蹄真皮组织内伴随产生氧化不全有害产物并堆积损害蹄真皮，而引起蹄叶炎。"许多学者认为蹄叶炎最初被侵害的部位是真皮血管层，因为所检查病例的组织学变化早期很清楚，是血管变化，并且最早病理变化是停滞性氧不足。我国《元亨疗马集》早就有料伤五攒痛、走伤五攒痛的记载。经长途运输畜肌肉产生的乳酸进入血液循环，也会导致蹄叶炎的发生。为此，牛蹄部动、静脉吻合支的观察研究，为蹄叶炎及其他蹄病发病机理的研究提供了解剖学依据。而上述蹄部动、静脉血管间短路和蹄部动、静脉血管间吻合支现象在有关文献上目前还没有见到。

结论：制作牛蹄血管铸型标本中出现的红色铸型剂液从动脉进入静脉的现象，是通过开放的动、静脉短路或动、静脉吻合支进入静脉造成的。

四、牛蹄生理功能的研究（牛蹄标本与牛蹄运动的观察）

牛蹄是支持牛体的基础，在运动和驻立中都起着重要作用，牛蹄的功能状况直接影响着牛的生产性能的发挥。为了深入了解牛蹄的构造机能，我们对牛蹄标本与牛蹄运动进行了观察，现报告如下。

（一）牛蹄标本的观察

通过观察各种牛蹄标本，并将牛蹄沿骨正中以前后向、左右向纵锯开，观察牛蹄的解剖构造：牛蹄中央为骨骼，蹄骨、冠骨、下籽骨构成蹄的基础，蹄的最外周为蹄匣，而蹄匣与骨之间是真皮、腱、韧带、指（趾）枕、血管神经等软组织。

蹄的弹力装置。

1. 蹄匣：蹄匣为角质硬壳，有一定的弹力。牛是偶蹄兽，内外指（趾）蹄底均向轴间内倾斜，有一定的窟窿度。这种结构在体重压力下易于向两侧开张，以减轻地面的反冲作用。脱掉蹄匣，其内为蹄真皮。真皮小叶与蹄匣的角质小叶相互嵌合，使牛蹄成为一个牢固的整体。蹄角质具有很强的抗腐蚀能力，在制作蹄血管标本过程中，蹄浸于盐酸中，蹄的其他组织在 24~36 小时内全部被腐蚀掉，而蹄角质腐蚀需 7 天以上。因此，蹄匣对蹄内组织有很好的保护作用，蹄匣还可维持一定的蹄内压（见图 5-2）。

图 5-2　蹄匣

2. 指（趾）枕：指（趾）枕是指（趾）部非常发达的皮下组织，指（趾）枕呈楔状嵌入蹄骨后下，位于蹄球真皮的内面，其深部连于指（趾）屈肌腱的腱鞘，边缘大部与蹄骨相密接，构成蹄球的基础。指（趾）枕由彼此交织的胶原纤维和弹力纤维组成，尤其在纤维束间的空隙里有大量的脂肪组织。来自指掌（趾背）侧第三总动脉的指（趾）枕动脉进入指枕并分出许多分支形成密集的血管网。

3. 指（趾）间脂球：指（趾）间脂球位于轴侧壁的上方，近似等腰三角形，下界为趾间皮下，上角达系关系。上下十字交叉韧带横过其间，指（趾）间脂球由网状纤维、胶原纤维、弹力纤维交织的疏松结缔组织分隔的若干小叶，其间填充着大量脂肪组织，供应蹄部血液的指掌（趾背）侧第三总动脉从指（趾）间脂球正中央穿过，而指（趾）间脂球裹衬在该动脉的外周（见图5-3）。

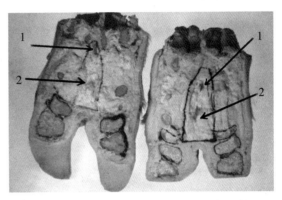

1. 指掌（趾背）侧第三总动脉　2. 指间脂球

图5-3　牛蹄左右向切面

4. 牛蹄血管：观察牛蹄部动、静脉血管铸型标本就会发现，在蹄匣与骨之间的蹄真皮和指枕等软组织是被非常丰富的血管相互交织成致密的网状罩壳，血管内充满了血液（见附图6、附图7）。

综上所述，富有脂肪等弹性组织的指（趾）枕、指（趾）间脂球，骨与蹄匣之间软组织极其丰富致密的血管网以及血液共同构成蹄良好的弹力装置。

(二)牛蹄运动观察

选择肢蹄较正的牛，做直线慢步运动，制作成录像，在慢镜头下观察。为了便于观察，将牛蹄运动分为两期，四个阶段（见图5-4、图5-5、图5-6、图5-7、图5-8、图5-9）。

1. 负重期。

(1)落地负重阶段。牛蹄伸向前方，先蹄尖部触地，紧接全蹄底着地，地面也对蹄产生相应的反冲力，进而冲击减弱。在牛体前移和体重迅速增大的压力作用下，球节以下发生一系列变化，系关节背屈，系骨、冠骨与地面的构角减小，而蹄关节出现掌屈，依据蹄的解剖，此时指浅屈腱和系韧带以及掌侧各韧带都受到强烈的牵张，但较浅屈腱系韧带较轻；向后方倾斜的系骨和冠骨，主要是冠骨向下压迫下籽骨，经深屈腱对有弹性的指（趾）枕施以压力，而蹄负面和蹄球等接触地面时也承受地面的反作用力。

因此，指（趾）枕受到上下"夹攻"的力，迫使内外指（趾）蹄球部向两侧开张。由于偶蹄兽的解剖特点在体重的压力下，这种开张比单蹄兽马的蹄锤部开张明显。由于指间有上下十字交叉韧带，又使这种开张是非常有度的。当掌（跖）部达到垂直，

图5-4　蹄尖着地

图5-5　蹄最大负重时

5-6　负重离地开始阶段

图5-7　离地阶段1

图5-8　离地阶段2

图5-9　悬空阶段

球节下沉，系冠骨与地面构角最小，蹄负担体重最大时，以上各种变化将达到最大限度，也就是达到负重的极期。

（2）负重离地阶段。随着体躯前移，牛体重心的转移，系部（系骨和冠骨）直立，球节角度变小，逐渐呈伸直状态。蹄关节开始伸展，重力逐渐移向蹄的前部。随着系关节更进一步伸直和蹄关节的背屈，蹄后部的压力即被解除。由于本身的弹力作用使扩张发生回缩。蹄球部开始离开地面，而蹄尖部仍处于紧张状态，此时深屈腱受到极度牵张。随着体躯继续前移，肢和蹄部的各关节达到平直的情况下，蹄尖也将离开地面而转入下一期。

2. 悬空期。

（1）离地提举阶段。当蹄离开地面时，各固定关节的相互作用消失，在屈肌作用下，致使肢和指（趾）部各关节屈曲。蹄内部的各组织，因免除了其他外力作用而恢复原状，此时指（趾）部各关节及蹄内部各组织呈现相对的弛缓状态。

（2）伸扬着地阶段。由于伸肌的作用，肢和指（趾）部再度向前伸，体躯前移使蹄再次着地。

（三）对牛蹄解剖生理机能的讨论

观察牛蹄部动、静脉血管铸型标本就会发现，在蹄匣与骨之间的蹄真皮和指枕等软组织是被丰富的血管相互交织成致密的网状罩壳，血管内充满了血液。牛运动时，填充在蹄匣与骨之间的软组织及其血管网就会受到庞大牛体重力的挤压，在心脏泵和动脉压的作用下，这种挤压就促使了动脉血向蹄内微细血管和组织内的灌注，这种挤压也促使了蹄静脉血的向心回流。当牛蹄免负体重时，指（趾）枕和动脉管壁因具有弹性而反弹复原，血管腔的复原利于动脉血注入。蹄底呈内倾斜，有一定的穹隆度，运动负重时，在牛体重力和地面反冲力的双重作用下，蹄匣向外扩张，造成了蹄匣对蹄壁真皮压力减小，利于动脉血向蹄真皮组织的灌注；不负重蹄匣又复原合拢，并造成蹄匣对蹄真皮的挤压，促进了静脉血的向心回流。运动中，随着牛蹄的负重和免负体重的反复有序的发生，也就使蹄匣与骨之间的软组织及其血管发生受到负重时的挤压与免负体重时的反弹复原，并发生在蹄匣负重时的向外扩张和免负体重时的回缩合拢。上述现象随运动反复有序的发生，就像压井一样，对蹄部血管形成挤压，反复有序的促进动脉血向组织的灌注和静脉血的向心回流，通过运动有力地促进着血液循环。

另外运动负重时，蹄匣的向外扩张，弹力装置的弹性，蹄匣与骨之间软组织内丰富血管网充满的血液，均减缓了运动中牛蹄落地负重时地面的反冲作用，缓冲了落地负重时的震荡损害，从而使肢蹄运动轻快舒适，安全稳定，所以牛蹄又是非常良好的缓冲装置。

结论。从上述观察研究看，牛蹄不仅是支持器官、运动器官，也是良好的缓冲装置，更重要的是通过运动牛蹄发挥着周围型心脏的血泵功能，强有力地促进着血液循环。

五、蹄异常的调查报告

乳牛肢蹄异常是严重危害乳牛业的疾病之一。随着养牛业迅速发展，由该病造成的乳牛生产性能下降，产乳年限缩短，日趋严重。某国营奶牛场，1998年因病淘汰牛76头，仅因蹄病就淘汰21头，占淘汰牛的27.6%。为查明该病发生的原因，了解发病情况，为之后开展奶牛肢蹄病的防治工作提供依据，我们于1999年3月15日至4月10日对该国营奶牛场奶牛肢蹄异常进行了调查。

(一)调查方法

肢蹄异常检查是按乳牛正肢势、正蹄形的标准，与奶牛场的牛进行对比检查，并按前肢、后肢和蹄形进行疾病分类统计。

1. 前后肢的标准肢势。前肢在前望时从肩端引垂线内外等分肢蹄，并落于蹄裂中间，侧望时从肩胛骨棘突上1/3处引垂线，前后等分前肢并落于球节后缘。后肢在后望时，从臀端中央引垂线飞节以下等分后肢。侧望时由臀端引垂线经飞节后缘，落于蹄球的稍后方。

在检查前后肢势时，与这些标准肢势明显不同的为肢势不正，包括外向、内向、X形、O形、广踏、狭踏肢势等。

2. 正蹄形的标准。蹄底的形状，前蹄为圆形，后蹄为卵圆形。前蹄蹄尖壁与蹄底的角度为47°~52°，后蹄为43°~47°。蹄尖壁与蹄球后壁的比例，前蹄约为2:1.5，后蹄约为2:1。蹄尖壁长，前蹄约为7.5~8.5 cm，后蹄约为8~9 cm，与正蹄形明显不同者为蹄变形，包括延长蹄、长嘴蹄、刀蹄、卷蹄、开蹄和宽蹄等。

肢蹄异常原因调查，包括胎次与肢蹄异常的关系、产奶量与肢蹄异常的关系、槽位高低与肢蹄异常的关系、蹄病与肢蹄异常的关系和不修蹄对肢蹄的影响等。

(二)调查结果

1. 对乳牛肢蹄的检查。

(1)对331头乳牛肢蹄检查，表现各种肢势不正的牛259头，占78.2%。其中前后肢势不正42头，仅前肢的214头，仅后肢的3头。结果见表5-1。

表5-1　肢势不正的发病情况

症状	X肢	O肢	外向	内向	广踏	狭踏
前肢	140		222		9	4
发病率	42.3%		67.1%		2.85%	41.6%
后肢	17				5	8
发病率	5.1%		40%		1.6%	2.45%

(2)发生不同程度蹄变形的乳牛303头，占91.5%；其中前后肢均发生蹄变形的105头，仅前肢发生蹄变形的197头，仅后肢发生蹄变形的1头。结果见表5-2。

表5-2　蹄变形的发病情况

	症状	延蹄	长咀	刀蹄	拖鞋	弯蹄	卷蹄	宽蹄	开蹄
前蹄	发病数	71	138	86	1	20	22	20	6
	发病率	21.5%	41.7%	26%	0.3%	6%	6.6%	6%	1.8%
后蹄	发病数	52	17	7	5	4	7	10	13
	发病率	15.7%	5.1%	2%	1.5%	1.2%	2%	3%	4%

(3)对68头育成牛观察，明显蹄变形48头，肢势不正34头。分别占被调查育成牛的70.6%和50%。

2. 胎次与蹄变形的关系。调查的246头成年牛和68头育成牛中，随乳牛胎次增加其肢蹄病的发病率明显上升，且症状加重。结果见表5-3。

表5-3　胎次与蹄变形的关系

胎次	育成牛	1	2	3	4	5	6	7	8
调查数	68	89	36	44	26	17	23	22	5
蹄变形数	48	68	30	41	26	17	23	22	5
发病率	70.5%	76.4%	83.3%	93.2%	100%	100%	100%	100%	100%
变形程度	轻微	较严重	较严重	较严重	严重	严重	严重	严重	严重

3. 产奶量与肢蹄病的关系。对43头头胎牛和84头经产牛调查结果表明，头胎牛随产奶量的增加，蹄变形的发病率呈上升趋势；经产牛产奶量越高其蹄变形的发病率明显增加。结果见表5-4、表5-5。

表 5-4 头胎牛产奶量（以产犊后 3 个月计算）与肢蹄病的关系

产奶量	1600 kg 以下	1600~1800 kg	1800~2000 kg	2000~2100 kg	2100 kg 以上
发病率	50%（3/6）	63.6%（7/11）	75%（6/8）	87.35%（7/8）	100%（10/10）

表 5-5 经产牛产奶量（以 305 天计算）与肢蹄病的关系

产奶量	3000 kg 以下	3000~4000 kg	4000~5000 kg	5000~6000 kg	6100 kg 以上
发病率	50%（4/8）	71.41%（5/17）	83.3%（15/18）	94.11%（16/17）	100%（16/16）

4. 槽位高低与肢蹄病的关系。对两圈同龄牛，圈舍相似，仅槽位高低不同的牛进行调查，结果表明，槽位过低，蹄变形的发病率明显上升，肢势不正也随之上升。结果见表 5-6。

表 5-6 槽位高低与肢蹄病的关系

牛群	槽底距牛床（cm）	调查头数	肢式不正		蹄变形	
			前	后	前	后
A 圈	23	28	12（42.9%）	0	11（39.3%）	0
B 圈	23	40	28（70%）	12.5%	27（67.5%）	1（2.5%）

（注：括号内表示发病率）

5. 在对 50 头蹄变形较严重的牛修削过程中发现，明显跛行 2 头，趾间皮肤炎 3 头，趾间腐烂 1 头，趾间增生 3 头，指关节病 2 头，趾关节病 1 头。

(三)讨论

1. 我们对该场八圈共 331 头牛进行调查，其中肢势不正 259 头，占被调查数的 75.2%；蹄变形 303 头，占被调查数 91.5%。68 头育成牛中，有 34 头有不同程度的肢势不正。说明遗传可能是一个很重要的因素，荷斯坦乳牛蹄形性状的遗传力为 0.6（中国奶牛，1992，第 4 期 32 页）。该场在引进外地公牛冻精时，没有重视公牛肢蹄性状，将肢势不正公牛冻精购入，而遗传给后代。我们还发现在 22 头卷蹄牛中，均源于同一父系。同时该场对肢势不正、蹄变形严重的成年母牛仍然利用，同样会把肢势不正遗传给后代。

2. 长期不修蹄是引起蹄变形的重要因素之一。牛蹄角质每月生长 6 mm 左右。该场常年不修削牛蹄，因过长蹄引起的蹄变形占比重最大。在调查中发现过长蹄 280 头，占被调查数的 84.6%。从调查中看，延长蹄、长嘴蹄、长刀蹄分别占被调查数的 21.5%、41.7%、26.0%。变形蹄中这种都高于其他种类的变形蹄。说明蹄变形与长期不修削牛蹄密切相关。

3. 该场对不同泌乳阶段的泌乳牛使用同一配方的日粮，这容易造成高产牛、重胎牛的营养缺乏。机体为了维持代谢平衡和产奶、妊娠需要，只得动用骨骼中的钙和磷，从而引起脱钙、脱磷的发生，导致骨质软化，骨骼和肢蹄发生变形，促使肢势不正与蹄变形的发生，所以相当比例的肢蹄病是 Ca、P 比例失调和吸收障碍所导致的 Ca、P

代谢疾病。调查也表明产奶量越高，胎次越多的奶牛肢势不正、蹄变形越多，而且症状越严重。所以不同泌乳阶段的奶牛使用同一饲料配方的日粮是引起该场牛肢势不正、蹄变形的诱因之一。

4. 尽管我们不能确诊有些变形蹄，是由蹄叶炎诱发，但该场饲料结构为精料与玉米黄贮和干稻草。缺乏优质粗饲料，乳牛为了产奶等对营养的需要，只有多吃精料，精料中大量的淀粉可以使产乳酸的革兰氏阳性菌在瘤胃过度繁殖，产生大量乳酸，使瘤胃内酸度增高，严重者发展为酸中毒。瘤胃内环境的破坏可使黏膜抵抗力下降，屏障作用减弱，使有毒物质进入血液，诱发蹄叶炎，蹄角质的生发源于蹄真皮，蹄叶炎引起角质生发紊乱，造成蹄变形。该养牛场精料饲喂过多，优质粗饲料缺乏也是蹄病发生不容忽视的原因之一。

5. 饲槽槽位过高或过低易造成牛后肢或前肢发生肢蹄病。该场牛饲槽过低。为了够着饲料，牛被迫叉开两前蹄，降低头颈高度，全身大部分重量移向前肢，前肢负重过大，久而久之，前肢肢势不正增加（特别是 X 肢、外向肢势增加）；前蹄变形程度上升，尤其是前蹄内侧指变形程度加剧。从调查中也发现肢势不正仅前肢 214 头，仅后肢 3 头；蹄变形仅前肢 197 头，仅后肢 1 头。前肢发病率远远高于后肢。与此相反，农村散养牛，牛槽较高，牛肢蹄病的发生前肢低于后肢。据 1997 年对吴忠金积农村 447 头成年母牛调查结果表明，肢势不正中前肢 32 头，仅后肢 98 头；蹄变形前肢 33 头，仅后肢 88 头。后肢发病率高于前肢，说明饲槽高低对牛肢蹄病的发生有很大的影响。

6. 该养牛场地势较低，环境潮湿，牛床上粪尿时常不及时清理，经常出现牛在牛床上打滑、跌倒现象，易造成关节损伤。牛床边堆积厚层牛粪，再加上饮水池经常有水溢出，周围泥土与牛粪相混合变得泥泞。牛上下槽和饮水时牛蹄插入松软的牛粪中，牛蹄角质软化，受到粪尿的侵蚀，致使角质生长发育不良，且脆弱，极易引起趾间腐烂、蹄底蹄球负面腐烂等蹄病。因此牛舍环境卫生较差也是引起该养牛场牛肢蹄病发生的又一重要因素。

（四）建议

1. 健壮的肢蹄有利于乳牛的运动，良好的运动可以促进机体旺盛的代谢，旺盛的代谢可保证牛泌乳与繁殖性能的正常发挥。所以平时要注意修蹄、护蹄。

2. 从调查看，该场乳牛肢势不正，蹄变形非常严重。肢势不正与遗传有很大的关系。平时培育牛过程中，从外地引进牛时要重视肢蹄状况；在引进冻精时，也一定要注意公牛的肢蹄状况。同时应将肢蹄变形严重的奶牛逐渐淘汰，从而改善牛群整体质量。

3. 定期修削蹄。合理的修削蹄不仅可以矫正蹄形，还可以改变不良肢势。每年应做到不少于 2 次定期修削蹄。正确的修削蹄既矫正了蹄形，改善肢势，又可以使蹄全面负重，促进血液循环，增强机体代谢，延长产奶年限，增加泌乳量，提高受胎率。

修蹄可以发现早期蹄病，及时治疗，防止恶化。而且修蹄可以增加人畜接触机会，利于牛的驯化管理。

4. 加强圈舍卫生管理，及时清理圈舍粪尿，重视乳牛蹄部卫生，经常清洁牛蹄趾间、蹄底污物，防止蹄病的发生。发现蹄病及时治疗。

5. 应用合理的饲料配方，作好乳牛日粮平衡供应，根据乳牛怀孕、泌乳不同阶段的特点，注意维生素、微量元素、矿物质，特别是 Ca、P 的补充。在配合饲料中加入1.5%~2%碳酸氢钠，设法变玉米黄贮为青贮，变以精饲料为主为以优质粗饲料为主。这样既满足乳牛营养的全面需要，适合乳牛的消化器官构造机能，又可从根本上解决瘤胃酸中毒，和由此诱发的蹄叶炎、蹄变形等疾病的发生，提高养牛业的经济效益。

六、奶牛腐蹄病的防治

根据对宁夏家畜繁育中心奶牛场的调查，腐蹄病的发病率在18%左右，成年母牛达19%~21%，尤其从美国进口的一批母牛发病率高达25%。该场200多头泌乳牛，2003年因病淘汰了30头，其中腐蹄病就淘汰了14头，占淘汰牛的42.4%。

(一)症状

奶牛腐蹄病是指因蹄角质变性，损害真皮组积发生化脓性病理过程，尤其在蹄球、趾间。患牛站立时患蹄系关节以下屈曲，频频换蹄，打地或踢腹。运动表现支跛，跛行逐渐加重，严重者蹄不敢着地负重，呈"三肢跳行"。体温升高常达40度以上。食欲减退或废绝，精神沉郁，泌乳量下降，渐进性消瘦。站立检查：蹄外周远轴侧角质无异常。叩击或打压蹄时，可出现明显的疼痛反应，越向蹄球、趾间，疼痛反应越明显。有的在趾间蹄冠部发生肿胀，皮肤上有裂口，有恶臭气味，表面有伪膜。用蹄刀切削蹄底部，可见截面有孔洞或潜洞，压迫有腐臭液被挤出，探针探洞有的可达真皮，并出现疼痛反应。患蹄从球蹄底到蹄冠，蹄角质甚至整个球角质腐败分解，有的发展成蹄冠蜂窝组织炎，病变进一步向深向上侵害发展，甚至达系关节。

(二)治疗

对于体温升高患牛全身应用抗菌素。

局部治疗：柱栏内站立保定，后肢绳索提举转位固定。用0.1%高锰酸钾液清洗趾间，切除坏死组织，创口用雄黄散（雄黄1份，冰片3份，枯矾10份研为细末），包扎蹄冠绷带，绷带不能装在趾间，以利创伤净化。

高锰酸钾疗法：用0.1%高锰酸钾液清洗患蹄，用蹄刀切除腐烂角质至健康角质处。除去坏死组织。对于创口较浅的可将高锰酸钾粉置于药棉上，敷于患处，尔后置蹄绷带包扎固定，外涂松馏油，5天后再检查处理。对于较深的潜洞可用高锰酸钾粉末直接填塞，外置5%的碘酊棉球后置蹄绷带包扎固定，外涂松馏油，3~4天检查处理一次，直到治愈。

(三)碘片松节油疗法

用 0.1%高锰酸钾液清洗患蹄，再用蹄刀沿创道挖切蹄底角质，扩创大小以能充分暴露潜洞为宜，用双氧水冲洗潜洞，彻底切除坏死组织。如扩创不充分，切除坏死组织不彻底，则治疗效果不能保证，甚至治疗失败。尔后将碘片、药棉塞入潜洞，再将松节油喷在包有碘片的药棉上，由于松节油和碘片反应放热，从而起到高热作用。再将松馏油药棉塞入潜洞，再包扎蹄绷带，包扎绷带时边包扎边向患部绷带上涂松馏油。一般一次用药 9 天后就可治愈。对于重症患牛，为减轻疼痛，可用 80 万单位青霉素溶入 10 ml 注射用水中，与 2%的盐酸普鲁卡因 10 ml 混合，患肢两侧趾神经注射封闭。也可向清创后的潜洞内填入中药末，其配方：地榆炭 50 g，冰片 50 g，黄芩 50 g，黄连 50 g，黄柏 50 g，白芨 50 g，共为细末，用凡士林调匀，填塞后包扎，三天处理一次，一般 3 次治愈。

(四)讨论

该牛场每年进入冬季后，粪尿与积雪结冰后不能及时清除，使运动场凸凹不平。到第二年 4 月冰雪融化再加上春季反潮，厩舍、运动场积满泥泞的粪尿，奶牛运动时就趴行在泥泞的粪尿中。厩舍、运动场排水设舍落后，使牛蹄长期浸泡在粪尿中，造成趾间皮肤抵抗力降低，蹄角质软化。上挤奶台通道凸凹不平，运动场中没有清除的石块等，都易造成牛蹄损伤，加上不良的卫生环境，极易引发腐蹄病。在对不同病情的腐蹄病治疗中，采用了三种不同的局部治疗方法，取得了满意的效果。为保证治疗效果，一定要改善不良的厩舍卫生条件，否则治疗效果无法保证。在治疗中也发现引进的美国奶牛更易发生腐蹄病，其发病机理还需进一步探讨。

七、奶牛趾间皮肤增殖

奶牛　三胎，1993 年 10 月 18 日就诊，银川郊区银新乡尹家渠 6 队。

主诉：奶牛左后蹄两趾之间长了个小瘤子，越长越大，牛也越来越瘸，牛老卧着，不愿走路，奶产量也越来越不行。

检查：体温 38.1℃，呼吸 25 次/分，心率 76 次/分。在左后蹄趾间背侧有一 4.5×3.0 cm² 的肿物，向前向地面伸出，在两趾的挤压下，破溃，感染，发红似草莓样，触之疼痛，质硬，无移动性。诊断为趾间皮肤增殖。

手术：二柱栏站立保定。维生素 K₃ 15 ml 肌注；青霉素 240 万单位、链霉素 200 万单位肌注。2%盐酸普鲁卡因液胫神经传导麻醉，手术时配合局部浸润麻醉。患肢提举确实保定在后立柱。用水将患蹄冲洗干净，术区剃毛后再冲洗干净。将患蹄浸入 0.1%的新洁尔灭液桶内浸泡 10 分钟。于系关节上部系止血带。术者持刀于肿物一侧健康处弧行切开皮肤，止血钳夹持提起患侧切开皮肤创缘，术者沿皮下织分离并沿肿物外周将肿物切除。在分离切割趾间轴正中线位和正中线向两侧的三角形区域时，要特别小心，防止伤及大血管。创伤内撒布冰片消炎粉（冰片 1 g、消炎粉 5 g）。钉扎纱布绷带，并将创伤充分压迫止血。解除止血带。术后护理：每天青霉素 240 万单位、链霉素 200 万单位肌注，一日一次，连用 5 天。保持蹄部清洁卫生。隔日观察处理创伤。一月后追访治愈。

讨论。趾间增殖物皮下是第 3 和第 4 指背轴侧静脉和由第 3 与第 4 指背轴侧静脉汇合而成的指背静脉。如损伤这些大静脉，会引起较多出血。这些血管位于趾间轴正中线和向两轴内侧构成的三角形区域，手术中在切除增殖物时，在这一区域，一定要注意，防止损伤这些大静脉。所以术前肌注维生素 K$_3$ 是必要的。为防止 3、4 趾的过度开张，必要时可在蹄尖钻孔，用铁丝将两蹄固定在一起，以防蹄的过度开张，可为创伤愈合创造相对安静的条件。切除增殖物后脱出的脂肪不要切除过多，切除过多会影响趾间皮肤愈合，也容易伤及较大血管，引发较多出血。

八、奶牛变形蹄危害的观察研究

牛变形蹄发病率高。宁夏户养奶牛发病率为 53.7% 以上，大型奶牛场发病率为 53% 以上。因为变形蹄发生后给人们造成的直观危害效应没有乳房炎和不孕症明显，尤其在初期往往不被重视，也失去了防治的宝贵良机。初期矫正治疗既简单，效果又好。当发展到严重时，因运动站立障碍，或引起其他蹄病并发症时，往往治疗困难，甚至造成奶牛过早淘汰。为此，我们对牛变形蹄发生后造成的危害进行了观察研究。

(一)典型病例

1 号病例 1999 年 3 月 10 日，宁夏某奶牛场，奶牛，牛号 95122。据兽医介绍，该牛开始表现后肢跛行，为严重肢跛，后来左后肢不能负重，左后蹄化脓，站立困难。后来发现另一侧后蹄也化脓。怀孕 7 个月了，准备耐一耐，人工引产后再淘汰。检查：呼吸 38 次/分钟，心律 78 次/分钟，体温 39.2℃。两后蹄均为严重过长蹄，两后蹄外侧趾蹄冠以上红肿，触之增温，均从球远轴侧蹄冠上向外流出黄白色黏稠的脓汁。先将过长蹄剪修，角质干硬、枯萎、掉块。常规外科处理后，探诊从远轴侧向前背侧及球后均有大量组织坏死，并有大量脓汁，诊断为趾关节周围脓肿。先用碘双氧水冲洗，再用 0.1% 的 PP 液冲洗清理创内坏死组织，用松馏油纱布条填塞引流，包扎，隔一至两日处理一次。全身静注抗菌素控制感染。十天后牛因长期卧地流产，淘汰处理。(见图 5-10、图 5-11)

2 号病例 1997 年 4 月 7 日，我们在金积镇兽医站实习，马家湖乡一农民说他家一头三胎奶牛，前两胎产量高，一天挤奶 30 多千克，第三胎反而不如前两胎，关键是一年多了配不上。我们出诊到他家时，该牛正卧地吃草，畜主费了好大劲才将牛赶了起来，但又很快卧倒。我们发现牛两后肢外侧趾均为严重的螺旋蹄，蹄冠以上肿大，触之硬。畜主告诉我们，挤奶时牛站不住，挤到最后就卧下了。我们也只好让牛卧着直检：与一般三胎奶牛相比较，子宫小，质地软，收缩力差，卵巢 0.8 cm×0.5 cm，较

图 5-10　延蹄

图 5-11　长嘴蹄

硬，光滑，卵巢上摸不到卵泡和黄体。初步诊断为卵巢机能减退。建议加强饲养管理，改善营养。雌激素 25 ml 肌注。并告诉畜主，如发现发情第一次不配，第二次发情再配。帮助修削蹄，但严重的螺旋蹄很难矫正，站立运动障碍无法解除。后追访到 10 月份，该牛仍配不上，畜主自行淘汰处理。

3 号病例　家畜改良站，种公牛，4 岁，主要是近一年来采精困难。该牛突出特征：两后肢外侧趾均为严重的拖鞋蹄，从蹄形观察，以前虽将部分过长过宽角质削除，但仍表现为严重拖鞋蹄的明显特征，尤其左后蹄趾间皮肤还发生明显增殖，外侧趾沿蹄冠上有一硬肿，蹄尖壁长而呈背凹弯，蹄尖宽而上翘。远轴侧壁宽，并向蹄底折转为负面。角质明显发育不良，蹄壁角质有明显的沟脊。蹄底不仅失去应有的弯窿度，而且隆突。由远轴侧蹄壁折转为宽的负面与蹄底角质之间形成约 10 cm×2 cm 的白线纵裂壕，纵壕内角质毛刺样分裂，形成的横裂片前后排列，有的部分缺损。蹄尖壁底面与蹄底角质间形成了大的向后的不正形空洞，纵裂壕前接空洞。拖鞋蹄发展到此程度无法逆转，种公牛体重大，采精时疼痛刺激，影响采精，最后淘汰处理。

4 号病例　1997 年 6 月 3 日，吴忠市金积镇，奶牛 1 胎。主诉 20 天前，乳房让牛蹄踏扯撕裂，越治越重，现在同侧前面乳房也发炎。检查时发现，该牛为尖嘴过长蹄，也叫长嘴蹄。可能是蹄尖踏在乳头基部，蹄尖端陷入，牛起立时造成乳池被挂撕裂，并与外界相通。外口内陷，并残留缝线，创壁厚硬，受伤乳房变硬，创内混有奶的脓性物，挤奶时增多。同侧前乳房红肿，处理后也导出脓性物。因畜主此前医治奶牛花费已较多，再继续治疗是否合算无法保证，最后畜主淘汰处理。

(二)正常蹄与变形蹄牛蹄动静脉血管铸型标本的比较

正常蹄：血管分支、分布和走向规律清晰，表现出牛蹄部血管正常的解剖结构分布（见图 5-12）。

变形蹄：血管分支、分布和走向无规律，出现许多杂乱无序棉团样的病理性新生血管，微细血管似棉团样的血管球。

螺旋蹄：蹄壁成负重的蹄底，蹄壁真皮有丰富的血管和神经，当负重受压迫时造成疼痛而站立与运动障碍，严重影响奶牛、种公牛的生产性能，最终被过早淘汰。

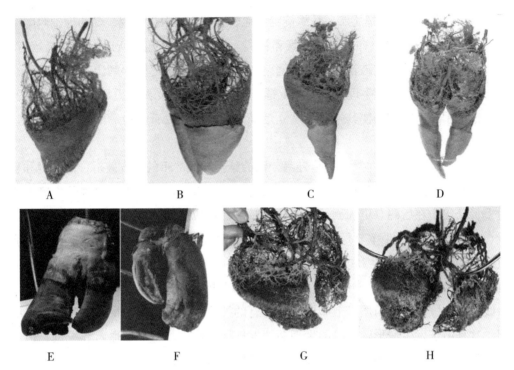

A、B 正常蹄血管标本；C、D 过长蹄血管标本；E、F 拖鞋蹄血管标本；G、H 螺旋蹄血管标本；

图 5-12 正常蹄与变形蹄牛蹄动静脉血管铸型标本的比较

（三）讨论

1. 1 号病例是严重过长蹄，踏着不确实，一是容易发生趾关节的扭伤，二是过长蹄（见图 5-12 C、D）严重的趾轴后方破折，使屈腱、悬韧带和其他韧带过度牵张，也容易剧伸损伤。损伤（扭伤）发生后，如仍不能对过长蹄矫正，除去病因，就可能会造成反复损伤。一肢受伤后，必然加重健肢负重，因同样为过长蹄而踏着不实，就会使健肢同样损伤。该牛场厩舍卫生不良、低洼，尤其饮水槽周围更是粪尿泥泞，蹄部又经常被粪尿污泥浸渍。在这种条件下，容易使损伤后的无菌性炎症发展为化脓性炎症，而引发趾关节周围的脓肿，使该牛淘汰。从过长蹄和正常蹄制作的血管铸型标本相比较，正常蹄的动、静脉血管分支、分布、走向规律清晰，完全表现出正常蹄部血管的解剖结构分布特征。而过长蹄在蹄冠以上出现了许多杂乱无序棉团样病理性新生血管。说明发生过反复扭伤。

2. 后蹄过长蹄，尤其尖嘴过长蹄还经常会引起奶牛乳房损伤。乳房皮肤是奶牛全身皮肤最薄最松软的部分之一。尖嘴过长蹄在牛起立时踏着乳房，常造成撕裂创，严重者几乎将奶头横裂断。我们还发现尖嘴过长蹄踩踏其他牛造成奶牛乳房严重撕裂创的病例。尖嘴过长蹄踩踏乳房后，其尖端连带乳房皮肤深深陷入，牛起立时，坚硬的蹄尖容易造成撕挂创。户养奶牛厩舍狭小，牛密度大，所以乳房损伤已是造成户养奶牛过早淘汰的原因之一。

3. 3 号病例是严重螺旋蹄。从螺旋蹄的血管铸型标本可以发现，蹄的远轴侧蹄壁折转为蹄底，蹄壁真皮上有丰富的血管和神经，踏着负重疼痛，所以奶牛不愿意运动，卧多立少，国内外都有跛行引起奶牛繁殖率降低的报道。疼痛的刺激，运动障碍，都会干扰生殖器官正常的生理活动。严重螺旋蹄冠骨、蹄骨受到严重压迫拧转移位变形，所以很难用矫正的方法使其逆转，站立运动功能得不到改善，最后治疗效果不佳，只好淘汰。

4. 4 号病例为种公牛严重的拖鞋蹄，蹄的延长导致严重的后方破折，而使腱和悬韧带系统及相关的韧带在负重时受到相当大的剧伸，造成疼痛。采精时种公牛庞大体躯的重量又集中在后蹄，更加剧了疼痛的刺激，而造成采精困难。据了解，某种公牛站近 20 年淘汰的种公牛主要是由于严重的变形蹄导致的。再从 4 号病例蹄底看，蹄底角质严重发育不良，蹄尖壁和蹄底角质间出现大的空洞。远轴侧角质折转为宽 2 cm 的壁负面。蹄底隆突，失去正常的穹窿度，并与远轴侧折转的壁负面之间形成 10 cm×2 cm 的白线裂壕，壕内白线角质呈毛刺样分裂，有的掉块，并在壕内呈横片状裂，前接底空洞。这是由于发生变形蹄后蹄的生理功能发挥受到影响，蹄部供血营养失调，造成角质生长发育不良、脆弱、崩解、掉块、缺损等。这也就使角质保护蹄内组织的功能降低。这种蹄底角质不良、潜洞、白线裂，容易发生蹄底刺伤、挫伤，如受粪尿污物浸渍，还易发腐蹄病、白线脓肿、蹄皮炎等。我国著名奶牛疾病学家肖定汉先生指出：变形蹄是其他蹄病发生的基础。

5. 据记载，蹄壁角质分三层，外层的生发源于蹄冠缘真皮，中层的生发源于蹄冠真皮，内层的生发源于蹄冠沟下方真皮。从过长蹄血管铸型标本看，过长蹄的蹄冠及以上出现了大量的新生血管，使蹄冠缘和蹄冠部真皮组织供血增加，这种供血增加，或许会加速该部角质的异常生发，从而加速过长蹄症状的加剧。根据调查，某奶牛场食槽比牛床低 2 cm，发生的 43 头卷蹄中，前肢发生 30 头，占 69.8%；后肢发生 13 头，占 30.2%。相反宁夏农村户养奶牛食槽偏高，调查的 131 头卷蹄奶牛中，后肢 98 头，占 74.8%；前肢 33 头，占 25.2%。前肢卷蹄主要发生在 X 肢势兼外向肢势，后肢卷蹄主要发生在狭踏和 O 状肢势；前肢全部发生在内蹄，后肢全部发生在外蹄。当前肢为 X 肢势兼外向肢势时，牛体重主要集中在两前肢的内蹄，尤其槽位过低，牛为了采食，头颈前伸，两前肢叉开，此时全身大部分重量移向两前肢内蹄，X 或外向肢势在体重压力下，使内蹄远轴侧蹄壁向轴侧倾斜，中指节骨以下向轴侧倾斜的异常角度，造成冠关节远轴侧韧带过度受到剧伸，导致韧带在骨附着部的撕裂损伤，引起骨膜炎，造成大量新生血管供血增加，刺激了该部角质异常生发，加快生长的远轴侧（见图 5-13、图 5-14、图 5-15）。

蹄壁角质逐渐代替负面，逐渐向轴侧上翘翻卷。这种变形蹄的初期只是倾歪，称倾蹄，如果不能及时矫正，翻卷程度加重，就发展为卷蹄。如继续发展，随远轴侧角质的快速生长就会发展为螺旋蹄。所以由变形蹄引起的蹄病又可加剧蹄变形的程度。

 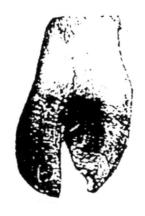 

图 5-13　倾蹄　　　　　　　图 5-14　卷蹄　　　　　　　图 5-15　螺旋蹄

6. 牛蹄角质不断生长是正常的生理现象，舍饲又使合理磨灭不足，如再有遗传、全身营养代谢障碍、肢势不正等因素，容易导致变形蹄。所以变形蹄发病率高，而且非常普遍。变形蹄又可诱发其他蹄病，其他蹄病又使蹄变形加剧，造成奶牛生产性能降低或过早淘汰，给养牛户造成严重的经济损失。为此要尽早采取综合的防治措施，对已发生的变形蹄及时矫正治疗，以减少损失，保障养牛业的健康发展。

九、奶牛卷蹄的矫正及效果观察

蹄是奶牛重要的支柱器官，具有坚实的角质蹄壳。因此，具有防护机械损伤和支持体重的功能。由于饲养管理不当，全身营养代谢障碍、肢势不正、不定期合理修削蹄、槽位过低、遗传等因素会引起蹄变形，蹄变形又是引起其他肢蹄病的重要原因，出现严重变形的牛蹄，趾轴和姿势发生异常，运动障碍，跛行，甚至不能站立和运动，奶产量骤然下降，最后只好淘汰。随着养牛业的迅速发展，集约化程度的提高，奶牛变形蹄发病也日趋严重。为此，我们于 2000 年 3 月 5 日至 5 月 25 日对某国营奶牛场 210 头泌乳牛进行了详细的调查，210 头泌乳牛中有程度不同的蹄变形 156 头，占 74.3%。其中卷蹄 43 头（包括倾蹄 31 例、卷蹄 8 例和螺旋蹄 4 例），在蹄变形中占 28.2%。在 22 头严重变形蹄中卷蹄 12 头，占 54.5%。可见卷蹄在变形蹄中占有相当大的比例。卷蹄发病后，奶牛产生运动障碍，产奶量下降。尤其是卷蹄发展成螺旋蹄后，难以矫正，大多数被迫淘汰。因此，我们在修削蹄过程中，专门对卷蹄发生原因、矫正方法进行了探索，并对矫正后的效果进行了观察。

（一）卷蹄形成原因

1. 肢势不正，槽位过低。根据调查 43 头卷蹄牛，发现前蹄发生卷蹄的 30 头，占 69.8%，其前肢为 X 肢势或广踏兼外向肢势。后蹄发生卷蹄的 13 头，占 30.2%，其后肢为狭踏肢势或 O 状肢势。由于肢势不正，导致前后蹄的负重发生改变，从而造成卷蹄的发生。又根据调查乳牛舍槽比牛床低 2 cm，由于槽位低，牛为了采食，头颈前伸，两前肢叉开，此时全身的大部分重量移向前肢的内蹄，使内蹄负重过大，逐渐使远轴侧壁代替负面，甚至向轴侧上翘翻卷。初期只是偏歪、倾斜，这种症状称倾蹄。如果不能及时矫正，随病程延长逐渐发展为卷蹄，最后发展为螺旋蹄。

2. 据调查，该场用的精料预混料，经化验 Ca:P =2.3:1，这与奶牛饲养标准 Ca:P= 1.5:1 不符。由于日粮中的比例失调，造成 Ca、P 代谢障碍。机体为了维持代谢平衡和产奶、妊娠的需要，只得动用骨骼中的 Ca 和 P，导致骨质软化，促成卷蹄的发生。又根据调查，该场每次进的预混精料过多，存放 6 个月以上。由于存放时间过长，预混料中的维生素发生氧化，效能下降。尤其是维生素 A、D 的缺乏，影响 Ca、P 的吸收。对于某些高产牛，日粮中 Ca、P 的不足，使蹄角质生长发育受到影响，也容易形成卷蹄。

3. 遗传因素。对该场 43 头卷蹄牛进行了系谱调查，发现源于同一父系。可见遗传也是蹄变形的一个重要因素。根据荷斯坦乳牛肢蹄性状的遗传力可达 0.6。由于引进公牛的冻精时不注重肢蹄性状，从而将蹄变形遗传给后代。

4. 不定期修削蹄。牛蹄角质每月生长 0.6 cm 左右。由于不定期修削，使蹄角质生长过长，蹄的负重发生改变，为了维持躯体平衡，蹄发生变形。如果是由于低槽位采食，前蹄发生过长蹄，前肢为 X 肢势或广踏兼外向肢势，则前蹄的内侧指容易形成卷蹄。后蹄发生过长蹄，后肢又为狭踏肢势或 O 状肢势，则后蹄的外侧趾容易形成卷蹄。

5. 圈舍地势低，环境潮湿。牛床上粪尿不能及时清理，饮水池旁泥泞，浸湿牛蹄后，使蹄角质软化，所以在负重时可促使卷蹄的发生。

(二)卷蹄的特点

乳牛前肢如为 X 肢势或广踏兼外向肢势，体重偏向内蹄。后肢如为狭踏肢势或 O 状肢势，体重偏向外蹄。使远轴侧蹄壁代替蹄底而延长触地，即以远轴侧蹄壁代负面。初期只是蹄远轴侧壁倾斜称倾蹄。随着病程延长，当远轴侧壁随角质生长转变为蹄底，并在指（趾）间上翘翻成卷蹄。随着卷蹄的加重，蹄尖发生拮转称为螺旋蹄。前蹄发生卷蹄时，内侧指向指间卷。后蹄发生卷蹄时，外侧趾向趾间卷。卷蹄负面狭窄，纵径细长，呈麻花状。由于蹄角质过长，负面不平衡，多以蹄球担负体重，呈严重的后方破折，蹄角质干硬，运步常出现跛行。站立困难，站少卧多。

(三)矫正前的准备

1. 矫正前检查。在矫正前认真对每头牛进行站立与运动检查，仔细观察牛的体型、肢势、趾轴、蹄形、步态等并根据卷蹄的程度设计修蹄方案，合理正确地修削蹄，可有利发挥牛的最大生产性能。

2. 泡蹄。泡蹄使蹄角质变软，容易修削。其具体方法是在浴蹄池中放适量清水，以没入牛蹄的系关节为宜，然后在其中放入 4% $CuSO_4$ 溶液。此时，将卷蹄牛赶入浴蹄池中浸泡大约 30 分钟。没有浴蹄池的可以冲洗。冲洗一定要使角质软化。同时冲洗干净便于发现处理其他蹄病。

3. 器械及药品。

（1）器械：小直铲刀与铁锤、蹄钳、镰形蹄刀、蹄锉、电动蹄刨、大直铲刀。

（2）药品：硫酸铜粉末、碘酊、松馏油。

（四）保定

1. 站立保定。六柱栏铺上木板，牛站在板上保定，缠绳系短固定牛头，牛肩部、腰荐部各横压一根粗绳，此绳要系紧，以防牛抬臀、起跳、提肢伤人。站立保定适用于小直铲刀切削过长、过宽的角质及趾间多余角质，用蹄锉整形，也可用于长臂蹄铲切削蹄底角质。

2. 前肢提举保定。在胸部用宽 15 cm 胶带将牛稍吊起，便于提肢固定时承受一定牛体重量。后用一根长绳对折，在系部套住牛蹄，绳扣位系凹偏内，拉紧两根等长的绳，套牢系部，一根绳由外向在该肢对应的横柱上绕一圈，另一根绳向后牵引，提肢时由一人在甲部向对侧推牛体，使牛体重心偏移，迅速向后牵引拉紧绳，牛前肢屈曲，使关节以下和腕关节以上呈垂直状态即可。

3. 后肢提举保定。用一根长绳，在一端系一结实小环，绳在牛后肢对应横柱上绕一圈，穿过小环拉紧并将其分为三等份（一双绳，一单绳）。双绳由后立柱外从跗关节内下向后，在跖上部绕过，再在横柱上绕一圈，提肢时一人在髋结节处向对侧推牛体，使牛体重心移向对侧。迅速拉绳，使后肢固定在后立柱上，绳拉得越紧，保定越确实，拉紧后将绳压死并再绕一圈，单绳在飞节上绕一圈并固定在横柱子上，拉紧，彻底将后肢保定，便于修削蹄底，修完后只要拉单绳，绳即可全部松脱。

（五）矫正方法

倾蹄。用小直铲刀对压迫指（趾）间裂的角质进行充分切削，使两蹄合拢，剁削过长蹄尖，对蹄尖壁下的蹄底适当多修。对远轴侧倾斜底壁在允许范围内适当多削，以扩大支持面，尽力使远轴侧壁负重时与地面垂直，最后蹄底削为内倾斜，使蹄踏着倾斜度得到矫正。通过数次修削达到完全矫正。

卷蹄。用小直铲刀把过长的卷蹄角质切去，多削蹄底前半部，扩大横径，将翻卷侧蹄底内侧增厚的角质削去。尤其对压迫趾间隙的角质充分削除，对卷侧的蹄负面在允许范围内多削，以扩大支持面。使远轴侧蹄壁尽可能垂直于地面。修正内外负面的高低，从侧望尽力使趾轴趋于一致，但削蹄重点放在蹄座上，蹄底应向内倾斜，使蹄踏着地面上翘消失，经多次修削，恢复正常后转为正常护蹄。

螺旋蹄。先用电动蹄刨将蹄尖翘起的角质刨去，然后再按照上述卷蹄的矫正方法进行，矫正需要多次，逐渐恢复正常。

在矫正卷蹄、螺旋蹄时，对于对侧指（趾）蹄，主要是外形的整形，对蹄底应使其高于卷侧蹄，必要时用橡胶蹄掌垫衬，以多承担负重，利于卷蹄的矫正。

(六)卷蹄矫正后的效果观察

1. 采食量增加。对43头卷蹄牛修蹄前后1个月的采食量统计如表5-7：

表5-7　卷蹄牛修蹄前后采食量情况比较

类别	青贮（平均）	稻草（平均）
修蹄前（43头）	11.2 kg	5.6 kg
修蹄后（43头）	12.4 kg	6.5 kg

卷蹄经过矫正，使奶牛蹄部疼痛减轻，运动量增加，消化机能增强，因而青贮玉米采食量平均增加1.2千克，稻草平均增加0.9千克。

2. 减少淘汰率。对该场1998.4~1999.4、1999.4~2000.4两年经卷蹄淘汰的牛情况统计如表5-8：

表5-8　两年经卷蹄淘汰牛情况统计表

年份	卷蹄发病数	淘汰数	淘汰率
1999 年	19	7	36.8%
2000 年	12	1	6%

3. 提高产奶量随机选取该场产后2~4、5~9泌乳月的牛各10头。再选泌乳月份相同、年龄、胎次一样的2~4、5~9泌乳月的不修削蹄的奶牛各10头做为对照组，分别统计修蹄前后1个月的泌乳量，见表5-9：

表5-9　奶牛修削蹄前后泌乳量情况比较

组	泌乳月份	头数	修前泌乳量/kg	修后泌乳量/kg	增加量/kg	增长率/%
修蹄组	2~4	10	21.6	23.4	1.8	8.3
	5~9	10	15.2	16.3	1.1	7.2
对照组	2~4	10	23.5	22.7	−0.8	−3.4
	5~9	10	17.1	15.2	−1.9	−11

卷蹄矫正前后，2~4泌乳月修蹄组增加1.8kg，增长率8.3%，对照组减少0.8 kg，增长率−3.4%；5~9泌乳月修蹄组增加1.1 kg，增长率7.2%，对照组减少1.9 kg，增长率为−11%。修蹄组和对照组的差异显著。

(七)讨论

1. 肢势不正和遗传是形成卷蹄的因素，槽位过低、矿物质，尤其是代谢障碍，维生素缺乏，圈舍低洼潮湿，卫生不好，均是促使卷蹄发生的条件。矫正只是暂时治标，只有加强饲养管理，改变采食方式，尤其在犊牛阶段就开始通过修蹄矫正肢势才是真正治本。

2. 我们专门制作了螺旋蹄的血管铸型标本，螺旋蹄前部发生拧转，相对应的蹄真皮也发生拧转，蹄壁真皮血管与其分布的神经纤维也随着拧转成为蹄底。牛运动时必然很疼痛而不愿运动，卧多立少。合理修削蹄，可以使疼痛减缓或消除，尤其让健侧蹄多承担负重，而卷蹄的蹄底呈内倾斜。如果合理多次修削，大部分卷蹄可以得到有效矫正。

3. 我们观察牛蹄标本和在慢镜头下观察牛蹄运动，牛在运动中，蹄不仅是支持器官，在机体落地负重和地面反冲力产生的震荡过程中是良好的缓冲装置，并在运动过程中发挥着重要的血泵功能。所以卷蹄矫正后，运动中疼痛减轻或消除，运动增加，消化机能增强。采食量，尤其粗饲料增加。蹄的构造机能得到发挥，血循环增强，生产性能得到充分发挥，奶产量增加。所以合理的修蹄是增强奶牛体质，增加奶产量，延长奶牛利用年限的重要保健措施。

十、奶牛护蹄

由于牛蹄角质每月以 0.6 cm 的平均速度在不断生长。目前养牛又以舍饲为主，蹄角质合理磨灭不足，导致奶牛变形蹄发病率非常高。奶牛得了变形蹄后运动障碍，产奶量下降。严重者因卧地不起被迫淘汰，而且许多都是高产牛。所以每年都应进行 1~2 次修削蹄，以保持牛蹄处于自然良好的形态，预防肢蹄变形。对于已发生蹄变形的，应尽早进行修削矫正。

合理正确的修削蹄，可以矫正肢势和蹄形，有利于牛发挥最大的生产性能。在修蹄前要认真对牛进行站立和运动检查，仔细观察牛的体形、肢势、趾轴、蹄形步态等，必要时还要设计修蹄方案，并要熟悉引发各种变形蹄的不正肢式和牛蹄的各部名称和正常前后蹄的标准。奶牛正常前蹄蹄前壁长 7.5~8.5 cm，与蹄球后壁的比约为 2:1.5，蹄角度约为 48°~52°。后蹄蹄前壁长 8~9 cm，与蹄球后壁比约为 2:1，蹄角度约为 43°~47°。蹄底均向趾间内倾斜，有一定穹窿度，蹄底厚约 5~7 mm。进行修削蹄后，应尽可能达到蹄与肢势相适应，指（趾）轴一致，牛蹄踏着确实，运步均衡轻快（见图 5-16A）。

（一）指（趾）轴一致

通过系骨、冠骨、蹄骨中央 1/2 平分的假设线叫指（趾）轴（见图 5-16）。系骨、冠骨部分叫系轴，蹄骨部分叫蹄轴。正蹄形负重站立时，从侧望呈一直线为指（趾）轴一致。过长蹄在系轴和蹄轴间形成向后的角度称后方破折。高蹄又形成相反的向前角度称前方破折。指（趾）轴是否一致是检查肢蹄变形和合理修削蹄的重要标志。

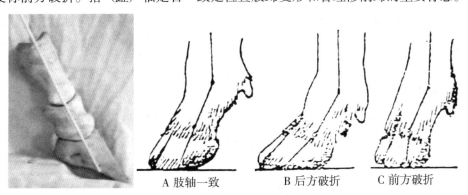

A 肢轴一致　　B 后方破折　　C 前方破折
图 5-16　肢轴

洗浴蹄：修削蹄前对牛进行充分地洗蹄或浴蹄，并将蹄壁、趾间的粪便污泥等进行清洗，清洗要有足够的时间，有条件的可进行泡蹄，以软化角质便于修削蹄。

（二）修蹄的器械和药品

1. 器械。

小直铲刀与铁锤：用于剁削过长过宽角质和压迫趾间的角质。

镰形蹄刀：蹄底与趾间角质软易削，用镰形蹄刀削。

蹄剪：用于翘起蹄尖等角质的剪除。

长臂蹄铲：主要用于种公牛等提肢困难牛蹄底铲削。

电动蹄刨：用于蹄壁、蹄底等角质的修削。

蹄锉：用于平整突出角度，即多用于整形。

2. 药品。4%硫酸铜、5%碘酊、松馏油、药棉、纱布绷布带等。

（三）修削蹄的保定

良好的保定是安全顺利进行修削蹄工作的保证。保定不确实，不仅影响修削蹄工作的顺利进行甚至会造成人畜意外损伤，必须重视。

柱栏保定和站立保定。六柱栏铺上木板，牛站在板上保定，缰绳系短固定牛头，牛肩部、腰荐部各横压一根粗绳，此绳要系紧，以防牛抬臀、起跳、提肢伤人。站立保定适用于小直铲刀切削过长、过宽的角质及趾间多余角质，用蹄锉整形，也可用于长臂蹄铲切削蹄底角质。

前肢提举保定。在胸部用宽 15 cm 胶带将牛稍吊起，便于提肢固定时承受一定牛体重量。后用一根长绳对折，在系部套住牛蹄，绳扣位系凹偏内，拉紧两根等长的绳，套牢系部，一根绳由外向内在该肢对应的横柱上绕一圈，另一根绳向后牵引，提肢时由一人在肩胛部向对侧推，使牛体重心偏移，迅速拉紧引绳，牛前肢屈曲，被提举固定在侧横柱上。

后肢提举保定，有两种方法。

一种用一根长绳，在一端系一结实绳小环，绳在牛后肢对应横柱上绕一圈，穿过小环拉紧并将绳分为三等份（一双绳，一单绳）。双绳由后立柱外从跗关节内下向后，在跖上部绕一圈，提肢时一人在髋结节处向对侧推牛体，使牛重心向对侧肢移。迅速拉绳使后肢提举并固定在后立柱上，拉紧绳确实将后肢提举保定。修完蹄后只要拉单绳，绳即可全部松脱。

另一种方法，牛在柱栏内，绳的一端绑在牛后肢系部，绳的游离端从后肢的外侧面，由外向内绕过横梁，再从后柱外侧兜住后肢跗部，用力收绳，同时在髋结节处向对侧推牛体，使牛重心向对侧肢移，不使跖背侧面靠近后柱，在跖部与后柱多缠几圈将后肢固定在后柱上。

对于户养奶牛，可以采用两后肢"8字"形保定法，用一根结实软绳在两后肢跗关节胫部作"8 字"形缠绕，将两后肢固定。

牛前肢提举保定

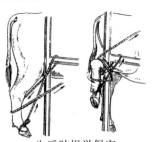

牛后肢提举保定

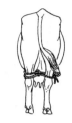
后肢"8"字形保定

图 5-17　牛修蹄保定方法

(四)变形蹄的矫正修削蹄

1. 延蹄（见图 5-18）。是因为长期拖延修削蹄，角质不断生长，而又磨灭不足，使蹄的纵径延长，蹄角度低，形状单纯的延伸，指（趾）呈后方破折，牛体重落于蹄球后部，牛运动、起卧发生困难。应尽早矫正。为了便于合理修削，对要修削部分，先在牛蹄上划出标线。用小直铲刀将标线处蹄尖和蹄远轴侧壁过长角质剁削，然后用镰形蹄刀削除标线以下的蹄底角质。保护蹄球底，最后用蹄锉整修。修削后从侧望尽可能达到肢轴一致。也可用电动蹄刨修削，要求相同。

2. 长嘴蹄（见图 5-19）。蹄呈啄状延长为低蹄，因长期拖延修削蹄所致。也有先天性的。一般蹄幅变窄，有的内、外蹄尖同时向轴侧弯曲交叉，故又称交叉蹄或剪刀蹄。蹄壁薄而坚硬，多数向远轴侧凸弯。削蹄矫正时，先将向轴侧弯曲的蹄尖角质剁削，使蹄对合良好。其后削蹄方法与延蹄基本相同。

3. 刀蹄（见图 5-20）。又称舟蹄，蹄的纵径长，蹄尖壁凹弯，尖端上弯，蹄底积有大量枯角质，呈后方破折，体重落于蹄球后部。削蹄时先将上弯翘起的蹄尖剪削去，对压迫趾间的角质剁削，使蹄对合良好。剁削过长蹄尖壁和远轴侧壁角质。后将蹄底隆枯角质削除，提高蹄角度，减轻蹄球后部负担，从侧望尽可能使趾轴趋于一致。

延蹄、长嘴蹄、刀蹄均属于过长蹄，约占牛变形蹄的 70% 左右。

4. 卷蹄（见图 5-21）。是远轴侧蹄壁代替蹄底而延长触地负重。初期只是远轴侧蹄壁倾斜，使蹄偏歪称倾蹄。随着病程的延长，当远轴侧角质随着生长转变为蹄底，并在趾间上翘翻卷称卷蹄。随着卷蹄的发展加重，蹄尖发生捻转称螺旋蹄。前肢发生卷蹄时内侧指由远轴侧向指间卷。后肢发生卷蹄时，外侧趾由远轴侧向趾间卷。卷蹄负面狭窄，纵径细长，严重者呈麻花状，以蹄球后部负担体重，呈严重的后方破折，蹄角质干硬，运动站立困难，卧多立少，是奶牛过早淘汰的重要原因之一。

削蹄矫正方法。

倾蹄：用小直铲刀对压迫趾间的角质充分剁削，使两指（趾）对合改善。剁削过长蹄尖，对蹄尖壁下的蹄底适当多削，对远轴侧倾斜的底壁在允许范围内适当多削，以扩大支持面，并使内倾斜，尽力使远轴侧壁负重时与地面垂直，使倾斜有所矫正。

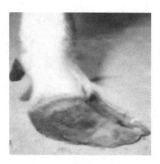

图 5-18 延蹄

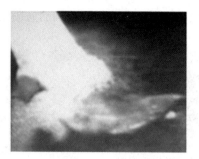

图 5-19 长嘴蹄

图 5-20 刀蹄

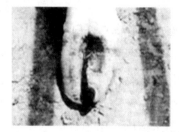

图 5-21 卷蹄

应经多次修削蹄达到矫正。

卷蹄：用小直铲刀将压迫趾间隙的角质充分削除。对过长翘起蹄尖角质剪削。多削蹄尖前半部，扩大横径，翻卷侧蹄底增厚角质削除，对卷侧负面在允许范围内适当多削，使远轴侧蹄壁尽可能垂直于地面，蹄底应削为内倾斜，蹄踏着负重使上翘消失，应经多次削蹄，逐渐达到矫正。

螺旋蹄：先将翘起的蹄尖角质剪除或电刨刨除，再将压迫趾间的角质刹削。然后按卷蹄的矫正方法进行。

在矫正卷蹄、螺旋蹄时，对于对侧趾修蹄，应使其适当多承担负重，适当要高些，以利对侧指（趾）矫正。

5. 宽蹄（见图 5-22）。主要是蹄壁向前，向两侧过于扩展，超出了正常蹄的范围，外观宽而大，蹄角度变缓。削蹄时用小直铲刀将宽角质部刹削，蹄底稍加修整，以使蹄内、外趾等高等长。

6. 拖鞋蹄（见图 5-23）。多由慢性蹄叶炎引起，蹄前壁向远轴侧壁倾斜显著，缓缓地不正形扩张，为横径大的过长蹄，其角质脆弱，易崩缺，蹄底浅而广，趾轴后方破折明显，是严重的变形蹄，还易诱发白线裂、白线腐烂，多呈跛行，运动站立困难，卧多立少。削蹄时将宽大、延长角质刹削，蹄底适当修整，但要少削，防止蹄底穿孔，必要时垫橡胶蹄掌。修削蹄间隔要短，以缓和症状使变形蹄逐渐好转。

7. 弯蹄（见图 5-24）。是内蹄或外蹄某部位发育失调的一种变形蹄。发育好的一侧蹄壁凸弯，对侧发育不好则凹弯，多数蹄角度低。削蹄时用小直铲刀将内弯的蹄尖刹削，使蹄对合好转，轴侧壁不削。蹄球高的应多削使蹄负面均衡负重，注意扩大蹄负面，对远轴侧凸弯蹄壁要整形锉削。

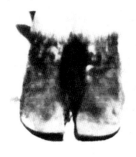  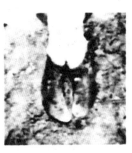

图 5-22 宽　蹄　　　图 5-23 拖鞋蹄　　　图 5-24 弯　蹄

8.蟹蹄（见图 5-25）。主要发生在前肢，蹄横径宽，纵径短，蹄球壁立，蹄尖壁向轴侧弯曲交叉，趾间隙变大。削蹄时首先将两个向轴侧弯曲的蹄尖剁削，使蹄对合良好。适当切削蹄球负面，不切削蹄尖下缘、用蹄锉适当锉削远轴侧蹄壁角质，减少蹄的宽度，促使指（趾）轴一致。

无论哪种变形蹄，只要严重，都要经过多次修削矫正。在前面已介绍过，在系关节以下有 50 多条腱和韧带伸入骨膜中，固定着牛蹄。在发展成严重变形蹄的过程中，腱和韧带也随之发生改变。所以严重的变形蹄，修削蹄间隔的时间要短，要多次逐渐矫正，切忌过剧矫正，过剧矫正不仅易引起出血损伤，更重要的是突然过剧矫正，使蹄部腱和韧带很不适应，造成严重疼痛，反而加重跛行，甚至不能运动。以延蹄为例，不要一次达到完全矫正，可以分数次进行，逐步达到矫正目的（见图 5-26）。

在修削蹄过程中，始终都要考虑到蹄构造机能的发挥。在削蹄中要注意蹄底的倾斜度。蹄底应向轴侧适度倾斜，在趾的后半部越靠近趾间隙倾斜度也应越大。

 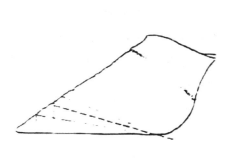

图 5-25 蟹蹄　　　　图 5-26 矫正

每次削完蹄均应向四个蹄喷洒 4%硫酸铜溶液。

平时还要注意牛蹄卫生。冬天用毛刷刷蹄，夏季经常洗蹄，将趾间粪泥及时清除，保持牛蹄清洁。定期用 4%硫酸铜溶液浴蹄或喷洒。硫酸铜可以使牛蹄角质硬变，并能有效杀灭多种病原微生物。

维护好牛蹄是保证奶牛高产稳产、延长生产利用年限的重要保证。同样，对肉牛也很重要，健康的牛蹄，可以使牛蹄构造机能充分发挥，增强牛的体质和消化功能，饲料转化率提高。

十一、牛蹄病综合防治措施的临床效果

蹄病是危害世界乳牛业的三大疾病之一，并对肉牛业的发展造成危害。蹄是支持牛体的基础，是牛重要的支持器官和运动器官，通过运动可促进血液循环，发挥重要的血泵功能。牛肢蹄的健康，是高产、稳产和延长利用年限的重要保证。随着以舍饲方式养牛业的迅速发展，牛蹄变形等蹄病对养牛业的危害越来越突出。为此，我们进行了牛蹄病综合防治措施的研究，并在临床应用中收到了满意的效果。

(一)牛蹄病综合防治措施

1. 修削蹄。修削蹄是指利用修削蹄器械，对蹄进行合理的修削，以矫正变形的牛蹄或将过长不正的蹄角质削除，分为维护修蹄和矫正修蹄。

维护修蹄。由于牛蹄角质每月以 0.6 cm 的平均速度在不断生长，因此每年定期进行 1~2 次修削蹄（种公牛一年不少于 4 次），以预防肢蹄变形，蹄的延长和不正磨灭，使蹄与肢势适合，保持蹄处于自然良好状态，大小适中，负重均衡确实，运步轻快，稳定舒适，使蹄构造机能得到充分发挥。

矫正修蹄。是对于后天性肢势、蹄形不良发展为变形蹄、病变蹄的牛，根据不同个体的具体情况，给予相应矫正，使肢势及蹄形得到改善，或逐步得到矫正，严重变形蹄和老龄牛一般不易彻底矫正，只能多次逐步通过矫正修蹄，力求使蹄的负重均衡，站立和运动得到改善。

2. 注意牛蹄卫生和浴蹄。平时注意牛蹄卫生，用清水将牛蹄上的泥土、粪尿等脏物洗净，用盛有 4%硫酸铜溶液的喷雾器将药直接喷洒在牛蹄上。夏秋每隔一周喷洒一次，冬春可适当延长间隔时间，反潮季节和多雨季节可适当增加次数，如有条件的话，可用浴蹄池浴蹄。

3. 合理饲喂。合理地搭配矿物质、微量元素、维生素，以保证牛体健康和牛蹄角质生长发育正常。

4. 强调在精料中搭配 1.5%~2%的碳酸氢钠做为瘤胃的缓冲剂。

(二)临床效果

经对宁夏家畜繁育中心奶牛场、种公牛队、金积镇部分户养奶牛，应用牛蹄病综合防治措施，两年后收到如下效果。

1. 蹄病发病率降低。

(1)防治前后蹄病发病情况比较见表 5-10~5-15。

表 5-10　家畜繁育中心奶牛场采用防治措施前后发病情况比较

比较	年份	变形蹄发病数	蹄底糜烂发病数	指（趾）间皮炎发病数	指关节病发病数	成母牛数
防治前	1998	183（74.3%）	31（13%）	27（11%）	9（4%）	246
防治后	2000	14（4.7%）	2（0.7%）	2（0.7%）	0	297

表 5-11　金积镇户养奶牛场采用防治措施前后发病情况比较

比较	年份	变形蹄发病数	蹄底糜烂发病数	指（趾）间皮炎发病数	指关节病发病数	成母牛数
防治前	1998	69 （54.8%）	16 （12.7%）	11 （8.7%）	7 （5.6%）	126
防治后	2000	0	0	0	0	162

表 5-12　家畜繁育中心种公牛采用防治措施前后发病情况比较

比较	年份	变形蹄发病数	蹄底糜烂发病数	指（趾）间皮炎发病数	指关节病发病数	成母牛数
防治前	1998	23 （78.1%）	4 （13.7%）	7 （24.1%）	3 （10.3%）	29
防治后	2000	0	0	0	0	28

（2）减少死淘率。

表 5-13　家畜繁育中心奶牛场采用防治措施前后死淘率比较

比较	年份	淘汰数	蹄病淘汰数	死淘率
防治前	1998	76	21	27.6%
防治后	2000	58	2	3.4%

表 5-14　家畜繁育中心种公牛采用防治措施前后死淘率比较

比较	年份	淘汰数	蹄病淘汰数	死淘率
防治前	1998	7	7	100%
防治后	2000	0	0	0

表 5-15　金积镇户养奶牛场采用防治措施前后死淘率比较

比较	年份	淘汰数	蹄病淘汰数	死淘率
防治前	1998	15	7	46.6%
防治后	2000	13	0	0

（3）奶产量增加。随机选取繁育中心奶牛场修削变形蹄牛中 2~4、5~9 月泌乳牛各 8 头，再选泌乳牛月份相同，胎次一样的 2~4、5~9 泌乳月的不修蹄牛各 8 头作为对照组。测量修蹄前一个月和修蹄后一个月的产奶量，测定结果见表 5-16。

表 5-16　修蹄前一个月与修蹄后一个月泌乳量比较

组　别	泌乳月	修前泌乳量(kg)	修后泌乳量（kg）	增长率(%)	头数
修蹄组	2~4	21.8	23.7	8.72	8
	5~9	16.3	17.3	1.96	8
对照组	2~4	23.3	22.5	-3.3	8
	5~9	19.51	17.51	-10.3	8

随机选取应用蹄病综合防治措施的金积镇户养奶牛 2~4、5~9 个月泌乳牛各 8 头，再就近选取相同数量，饲养管理条件相同，泌乳月份、胎次一样的 2~4、5~9 个泌乳月的不应用蹄病综合防治措施的户养奶牛作为对照组，测量应用措施前一个月和后一个月的奶产量测定结果见表 5-17。

表5-17　金积镇户养奶牛场防治组与对照组比较

组 别	泌乳月	修前一个月泌乳量(kg)	修后一个月泌乳量(kg)	增长率（%）	头
修蹄组	2~4	19.3	21.4	10.88	8

（4）种公牛采精量增加、精子质量提高。对修削蹄前一周和修削蹄一周后观察采精量、精液密度和活力，均明显提高（见表5-18）。

表5-18　修削蹄前一周和修削蹄后一周采精情况比较

比较	采精量（ml）	密度/亿个（ml）	活力
修蹄前	4.10±2.3	9.3	0.655±0.075
修蹄后	5.75±3.8	12.8	0.750±0.085

（三)讨论

通过实施牛蹄病综合防治措施后，使蹄病的发病率和淘汰率降低，原因分析有以下几点。

牛蹄角质不断生长是正常的生理现象，舍饲又使蹄角质合理磨灭不足，易发展为变形蹄。合理及时地修削蹄，可以使牛蹄经常保持正常的自然形态，可有效地预防变形蹄的发生，已经发展成变形蹄的牛通过合理地修削蹄进行矫正，使蹄的构造机能得到恢复，血液循环及营养得以改善。从而使变形蹄得到有效的治疗。

对于没有表现出临床症状的其他蹄病，通过修削蹄可以早发现早治疗，对已表现出临床症状者，通过修削蹄可以将压迫真皮的角质、病理性组织和分泌物除去，配合药物治疗，使病蹄痊愈。

注意牛蹄卫生，定期用4%硫酸铜溶液浴蹄，可以减少指（趾）间、指部皮肤的腐烂，增强蹄角质的硬度，提高蹄部皮肤的抵抗力，并能有效地杀灭牛场环境中的微生物和蹄部的病原菌，减少其对蹄部的侵害。

充足全面的营养是保证牛体健康和维持产奶量的基础，有利于蹄角质的生长发育。蹄角质与骨的代谢一样，对矿物质、维生素、微量元素也非常需要，但许多养牛的农户往往缺乏认识，造成以上营养物质的不足，不仅影响了牛体健康，而且也影响了蹄角质正常的生长发育，导致蹄变形的发生。所以我们特别重视户养奶牛饲喂配合饲料，以保证牛体健康和蹄角质正常的生长发育。

宁夏户养奶牛主要饲喂精料加干稻草，缺乏优质的粗饲料。为了追求奶产量，精料喂的过多，从而减少了食草量，由于精料中大量的淀粉可以使产乳的革兰氏阳性菌在瘤胃内过度生长，产生大量乳酸，使瘤胃内酸度增加，造成消化紊乱，产生消化道疾病，严重者发展为酸中毒。国内外大量的研究表明，瘤胃内环境的破坏可以使胃黏膜抵抗力下降，屏障作用减弱，使有毒物质进入循环系统。此外，在瘤胃炎症时，肥大细胞脱颗粒而释放出组织胺，并进入血液循环，诱发蹄叶炎。我国早就有料伤"五攒痛"的记载，但是养牛农户并没有认识到这一点。为此，我们在精料中加 1.5%~2% 小苏打，改善瘤胃的缓冲能力，防止或减少瘤胃酸中毒，预防蹄叶炎的发生，防止因蹄叶炎引起变形蹄。

采用牛蹄病综合防治措施，奶产量都有不同程度的增加，原因有以下几点。

变形蹄，尤其是严重的变形蹄和其他蹄病，站立负重均会造成疼痛，疼痛的刺激可以干扰产奶过程，引起产奶量下降。采用蹄病综合防治措施后，由于能及时地矫正变形蹄并对蹄病进行及时治疗，使疼痛得到缓解或消除，有利于牛恢复正常的产奶过程。

修削蹄后运动改善。乳汁的产生需要大量的血液流经乳房，而良好的运动促进血液循环和新陈代谢，可促进牛的泌乳过程。

牛蹄健康，运动良好，采食量增加，饲喂配合饲料和缓冲剂，有利于牛机体健康、瘤胃内环境改善和消化机能加强，饲料转化率也得到提高。

从延长生产利用年限来说，机体是统一的整体，采用牛蹄病综合防治措施后，不仅降低了蹄病的发病率和由蹄病引起的淘汰率，而且增强了牛的体质，延长了其生产利用年限。

(四)结论

通过对牛蹄病综合防治措施的研究和应用，可以得出以下几点结论。

蹄角质的不断生长是牛正常的生理现象，舍饲又使蹄角质合理磨灭不足，导致宁夏牛蹄变形、发病率非常高，其中户养奶牛达 55%，国营牛场达 38%~91.5%，并随时间的发展症状加重，或诱发其他蹄病，是造成奶牛、种公牛过早淘汰和影响生产性能发挥的重要原因之一。采用综合防治措施后，临床效果显著，主要表现为：①降低了发病率，使蹄变形的发生得到了有效控制；②减少了因蹄病所致的死亡和淘汰；③提高了奶产量；④提高了种公牛的采精量、精子密度和质量；⑤增加了奶牛体质，延长了其生产利用年限。

实践证明，牛蹄病综合防治措施是提高养牛效益的重要保证。①根据调查分析，牛蹄病的发生受多种因素影响，如不能定期修削蹄，日粮中精粗料的比例不当，矿物质中 Ca、P 缺乏或比例不当，微量元素缺乏；过度催乳；食槽过低；运动场、走道、牛床上有钢筋等金属突出物；圈舍潮湿泥泞、卫生不良，粪尿不能及时清理，气候恶劣、阴雨连绵，及遗传因素、易患蹄病的体质等。②定期的修削蹄可以预防变形蹄，消除因变形蹄诱发的其他蹄病，但是管理不当，如牛床、走道等水泥地面上有钢筋突出物，同样可以造成牛蹄的损伤，或因饲槽过低，前肢两内蹄过度负重，经久也易发生卷蹄。所以，在应用蹄病综合防治措施的同时，还应注意饲养管理工作。可以说加强饲养管理，建立健全完善的饲养规范，尽可能提供良好的生活环境是牛蹄健康的根本保证。③动物体是统一的整体，营养代谢失调与蹄病的发生密切相关，所以我们制定的牛蹄病综合防治措施不只着眼于局部，更重视全价饲料和瘤胃缓冲剂应用。

　　牛蹄病综合防治措施应成为一项严格的制度，在长期坚持实施过程中，必须注意整体与个体相结合，具体的修削蹄工作与规范的饲养管理相结合，对于已表现出症状的蹄病牛应及时处理，使之尽早康复，只要坚持实施牛蹄病综合防治措施，常抓不懈，定会收到明显的实际效果。

第六章 畜禽去势方法改进

一、家畜新法扎骟法

扎骟是我国劳动人民在长期生产劳动实践中创造出来的一种去势方法。为了使这一宝贵遗产在农牧业生产中发扬光大，我们翻阅了有关资料，学习比较了各种无血去势的方法，并依据精索睾丸的解剖生理特点，设计出一种新的扎骟方法。1976年开始在宁夏部分县市试验应用。对1983年前用此法扎骟的525匹（头）大家畜情况追访，扎骟有效的有489匹（头），有效率93%。1984年、1985年共1356匹（头）扎骟的大家畜中，去势有效的有1352匹（头），有效率达99.7%。而且去势方法简便、安全，去势器械也很简单，去势后家畜不需特殊护理，很快就可投入生产。

（一）药械与术式

1. 药械：20 ml注射器1把，2%盐酸普鲁卡因注射液；大号直三棱皮肤缝合针2根，将约60 cm长的轮胎线穿针，拉成等长，针、线浸入70%酒精中消毒备用；止血钳或持针钳1~2把，剪刀1把，市售钥匙圈2个，5%碘酊棉球。

2. 术式

（1）按一般去势法倒卧保定家畜。术者用右手牵拉一侧睾丸，左手隔皮将精索完全固定于皮内，固定处皮肤周围用碘酊消毒，隔皮注射2%盐酸普鲁卡因6~10 ml行精索内局部麻醉。

（2）左手继续隔皮固定精索，在注射部位以下结扎精索。手术处用碘酊消毒，右手持针在左手拇指与食指卡捏处穿透阴囊两侧壁，并将针拔出；再将包裹精索外的阴囊皮肤提起作成皱襞，并将精索完全推挤开，从原出针孔向着原进针孔再将针穿回并出阴囊皮肤（绝不能穿上精索）。此时扎线正好在阴囊内围绕精索一周。

（3）将一钥匙圈穿入结扎线内，结扎时让一人抓住睾丸向下拉紧精索，术者将精索及钥匙圈一同扎紧，并打为三叠结。用碘酊消毒针孔。

同法结扎另侧精索。两侧精索结扎后，顺一个方向分别拧转各侧钥匙圈数转，以保证精索确实被扎紧（防止将结扎线拧断），将两钥匙圈拴在一起，防止回转（见图6-1）。

然后利用各侧扎线，分别系一碘酊棉球，以防针孔感染。术毕后应牵遛运动。扎骟后 24~28 小时内必须拆线。拆线后即可使役。

(二)效果判定

1. 判定时间。拆线后睾丸变硬，大多数经 15~45 天睾丸逐渐萎缩，个别也有超过 5 个月睾丸才完全萎缩，故判定还需一定时间。

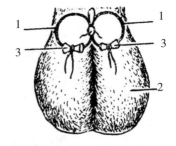

1. 钥匙圈 2. 睾丸 3. 扎线与碘酊棉球

图 6-1 改进的扎骟法

2. 有效标准。外观阴囊上缩紧贴腹壁（牛没有马充分），触摸睾丸为指端大小硬结；或者睾丸明显萎缩为硬结，性行为消失，失去公畜特征。也有极个别家畜仍嘶鸣，但不爬母畜，群众称这种家畜"骟地旺"，认为使役时有性情，力大灵活好使役。

3. 无效标准。性行为无变化，外观睾丸不萎缩，或一存一萎缩。

(三)讨论与体会

1. 睾丸赖以生活的血液来源，主要靠精索内血管流入，所以将整个精索扎紧是去势成功的关键，为此在扎骟中必须注意两点。

(1)进针时绝对不能从精索中间穿过，否则会造成只有一部分精索被结扎，而使血液可以通过未被结扎部分精索的血管流入睾丸，造成去势失败。

(2)扎紧关系到成败，如果扎不紧，不仅达不到去势目的，而且因造成静脉血回流困难，使睾丸严重肿胀。一般来说，精索越细越易扎紧，所以适龄去势家畜成功率高，越在精索上部结扎越易扎紧；而种用公畜精索粗大，有效率相对低。加用钥匙圈拧转以后，保证了精索被扎紧。为了提高有效率，有人还对这类家畜采用一侧精索错位两道结扎（扎线间距离 1.5~2 cm）。

2. 出现肿胀是扎骟的一个不足之处。几年来为了解决这一问题，我们进行了反复摸索，认为肿胀与拆线时间、扎的松紧、季节、运动与使役、家畜种类、年龄等有关。我们观察：拆线后出现阴囊肿胀与效果无关，拆线前就出现睾丸严重肿胀，往往是精索没扎紧，引起静脉血回流困难，造成严重肿胀，也是失败的预兆。

(1)拆线时间。1980 年前我们怕影响去势效果，扎骟 2~3 天才拆线，结果出现肿胀较多。还有人拖到 3 天以后才拆线，因系在结上的碘酊棉失去作用，个别还发生针孔感染。以后我们改为 22~28 小时内必须拆线，使肿胀大大减少，消除了针孔感染，实践证明，22~28 小时内拆线与 2~3 天拆线效果一样。

(2)与季节的关系。我们曾于 1979 年 6 月 22 日在永宁县胜利公社扎骟了 21 匹（头）大家畜，当日最高气温 29℃，10 点 30 分至 11 点 30 分去势，去势后 2~3 天拆线，结果 15 头驴中 11 头发生肿胀，7 头严重肿胀，只有 3 匹马、1 头骡、2 头牛没发生肿胀。而以前在 4 月 18 日扎骟的 9 头驴中有 3 头发生肿胀，也是 2~3 天拆线。以后规定 22~28 小时内必须拆线，避开高温季节去势，肿胀显著减少。

（3）扎骟后凡是牵遛运动，拆线后就使役的，发生肿胀较少。故扎骟后要加强运动，拆线后要强调使役。在扎骟后凡加强运动或使役一般都在 15~35 天睾丸即可萎缩，若不运动、不使役睾丸萎缩较慢，宁夏农学院一匹 4 岁实习瞎马，5 个多月才完全萎缩。

（四）小结

此方法去势，所需器械简单，方法简便，安全迅速，避免了出血、感染及其他去势后并发症的发生，且术后不必特殊护理就可很快投入生产，是一种安全可靠、简便易行的家畜去势方法。

二、手术刀去势小母猪

我们在实践中摸索应用手术刀去势小母猪，效果满意。

整个去势过程用五句话概括：颌褶肢轴呈一线（保定），确定部位压凹陷（确定术部），捅破腹膜用力按，宫角不出令猪喊，牵拉子带才不断（去势方法）。

保定。颌褶肢褶呈一线。术者左手抓住左后肢，将小母猪提起，右手捏住左膝前皱褶，并摆动数下，然后令猪右侧卧地后，术者立即用右脚踩住猪颈部或耳部，脚前部用力，脚跟着地。并同时将后肢向后伸直，肢背侧朝天，术者左脚踩住左后肢跗部。此时猪呈头颈胸部侧卧，后躯仰卧姿势，猪下颌与膝褶到蹄背的肢轴呈一条线。即颌褶肢轴呈一线（见图 6-2、图 6-3）。

去势部位。确定部位压凹陷。确定去势部位是去势小母猪的关键，对此进行了较深入的研究。卵巢位于骨盆入口的两侧，随着猪的生长年龄不同略有差异。1~3 月龄小母猪一般都在骨盆入口的两侧，即第一荐椎岬脊部两侧略偏后的部位。子宫角较游离，前部达第一荐椎岬脊部两侧偏前的部位。所以确定部位触到髋结节，向腹中按压被腰

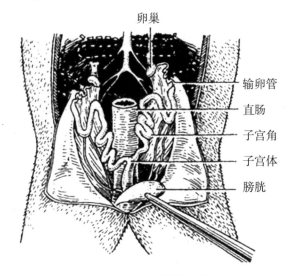

图 6-2　小母猪生殖器官位置图

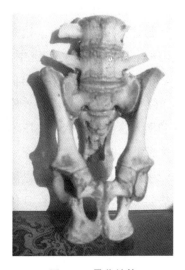

图 6-3　骨盆结构

（图 6-2 标注：卵巢、输卵管、直肠、子宫角、子宫体、膀胱）

荐结合部椎体挡住，向前又被最后腰椎横突挡住，按压的拇指下触感到被向中和向前的骨骼挡住，夹角内形成的凹陷。在确保保定姿势的前提下，按到此凹陷距左侧乳头2~3cm 处即是手术部位，即确定部位压凹陷。

去势方法：左手确定去势部位后，术部消毒，右手持刀，使右手食指露出刀尖约3 mm，点破腹壁，用刀柄垂直捅入腹内，腹膜捅破感到对刀柄的抵抗力突然消失，腹水冒出。此时左手加大压力，子宫角或卵巢随子宫角一起连同腹水冒出腹外。即捅破腹膜用力按。如果子宫角或卵巢没有随子宫角冒出，可左脚稍用力踩后肢，随着猪喊叫，腹压加大，子宫角或卵巢随子宫角一起连同腹水冒出腹外。即宫角不出令猪喊。子宫角冒出腹外后，术者右手拇指与食指捏住子宫阔韧带向外牵拉，牵拉时右手其他三指背面紧紧按压腹壁，尽可能多地牵拉出子宫。左手同法，拇指与食指再捏住子宫阔韧带向外牵拉，牵拉时左手其他三指背面紧紧按压腹壁。两手交替向外牵拉，直到将两侧卵巢牵拉出体外，然后用手指钝性断离子宫体，完全将两侧卵巢摘除。即牵拉子带才不断。卵巢摘除后，提起猪后腿摆动数下，再次术部消毒后，即可放开猪，切口不需缝合。

去势中可能会出现的问题。

1. 子宫角或卵巢不冒出腹外，而是肠管或膀胱圆韧带冒出腹外。肠管冒出腹外，是去势部位错前或绝食不够。解决的方法是抓住左后肢倒提起猪，手术刀柄将冒出腹外肠管归入腹腔后，将肠管下压，令加大腹压，一般子宫角都可冒出腹外。如膀胱圆韧带冒出腹外，是去势部位错后。可将猪前躯稍抬高，并加大按压，增大腹压，一般子宫角也都可冒出腹外。另外术前要绝食。

2. 子宫角断离，使一侧或两侧卵巢没能摘除，仍遗留体内。这是摘除方法错误，摘除时不能只捏住子宫角牵拉，子宫角脆弱易断。所以必须捏住子宫阔韧带向外牵拉，子宫阔韧带韧而结实，不易拽断。一旦子宫角断离，可立即捏住宫体侧子宫角的子宫阔韧带，牵导出断侧子宫角的子宫阔韧带，牵拉出卵巢并摘除。

3. 肠管夹在腹外皮下。这是刀口过大，或去势时脱出肠管没完全还纳腹腔内。肠管脱出一定要完全还纳入腹腔内。刀口过大，一定将腹膜适当缝合。

4. 出血过多。正常去势出血很少，如出血过多，主要是捅破腹膜时用刀过猛，是损伤了髂内动脉、髂外动脉、旋髂深动脉或相应的静脉，或左手按压过大。所以点破腹壁和捅入腹腔内刀柄时按压不必过大。当刀柄捅入腹腔内，感到对刀柄的抵抗力突然消失时再随即加大按压力量。

5. 手脚配合不协调。这是刚学去势者常出现的问题。要熟悉去势的各个环节，根据去势要领，每个动作都做到位。必要时请人帮助保定，精力集中到去势的每个动作上，逐渐达到独立完成。

6. 注意传染病流行季节，对疑似传染病的猪绝对不能去势。

三、大公猪徒手去势法

在农村，对一些不理想的种公猪，或年龄过大不适于继续种用的大公猪，为了提高其经济价值和便于对整个养猪场的管理，常常需要去势。但由于大公猪的精索较粗，一般多采用结扎法去势，去势时常需要一人帮助固定和牵拉睾丸，另一人进行结扎；大公猪的气力较大较猛，去势时用任何保定方法也难免其挣扎与扭动，加之大公猪的精索不仅粗而且脆弱，因猪的挣扎扭动或术者二人在进行手术中配合不当，往往就会造成公猪精索断裂，引起手术出血。

从1972年开始，我们对大公猪改用了徒手拈转去势方法，不仅简化了结扎去势的手术，而且经过几年来多次实践证明，此法安全可靠，迅速有效，术中未出现过精索断裂，术后也没发生过出血，去势后愈合快、康复顺利，是去势各种年龄大公猪的理想方法。

术前准备工作、保定方法、术部的消毒、阴囊缝际两侧的切开以及暴露睾丸等，都同于大公猪的一般去势方法。

摘除睾丸的方法：睾丸露出后，术者用手将鞘膜韧带与睾丸撕开，向上分离，并将睾丸向外牵拉。左手抓住睾丸，右手食指从附睾上缘紧贴精索处的组织中穿透（见图6-4、图6-5）。穿透后，右手食指钩住精索和睾丸捻转5~10转，左手拇指和食指则在精索变细处用力捏紧，然后再用钩住精索和睾丸的右手食指继续捻转至左手捏紧固定精索变细处，最终将精索捻转断。

手术中，如果猪体发生挣扎扭动，则术者的左手手背立即紧贴于术部猪体，以避免固定处上面的精索断裂。另侧睾丸亦用同法摘除。术后，用碘酊涂布创口即可。

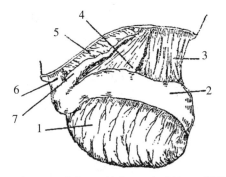

1. 睾丸　2. 附睾　3. 精索　4. 穿破处　5. 鞘膜韧带
6. 阴囊韧带　7. 输精管

图6-4　大公猪睾丸示意图

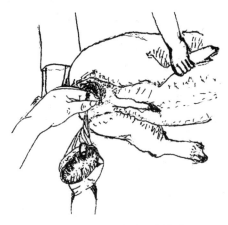

图6-5　大公猪徒手去势法

四、阉鸡器械改进及应用

(一)新式阉鸡器械及其手术方法的产生

阉鸡（去势）是提高公鸡经济价值重要的措施。公鸡阉割后，不仅生长加快，对饲料的利用率提高，节省了饲料，而且因为其肉质细嫩，品质也有了保障。

我国传统的阉鸡技术因其技巧难度大，不易掌握，且手术过程中鸡死亡率较高，或常因发生损伤过重，造成术后慢性消耗性疾病，反而没有公鸡长得快。

随着养鸡事业的迅速发展，为了提高公鸡的经济价值和饲养效益，如何改进阉鸡技术和器械，提高阉割成活率和手术效率，已成为兽医专业一个十分有意义的课题。

阉鸡这一技术，在国外也颇受重视。苏联著名兽医外科学家奥立夫科夫在评价这一技术时指出："所有去势的公鸡与对照鸡比较，体重增加 40%~50%。然而，不应忘记，只在给发育良好及健康的家禽去势及由腹腔内摘除全部睾丸时，才能具有这样的结果。"欧美国家都有专门的阉鸡器械。我们使用过苏联的阉鸡器械，按介绍的方法采用两侧切口摘出睾丸，确实比较方便。但这样的阉割方法比起我国一侧切口便可摘除两侧睾丸的传统方法来，无疑加重了鸡的损伤，延长阉割的恢复时间。尽管奥立夫科夫、丘巴尔等人都提到了设法经一个切口摘除两侧睾丸的问题，但在他们的专著中都没有一侧切口摘除两侧睾丸的具体方法介绍。我们在大量的实际工作中，既利用苏联器械摘除睾丸比较方便的优点，又汲取我国传统方法一侧切口摘除两个睾丸的独到之处，经不断实践，反复改进，试制出一种新的阉鸡器械，并摸索出了应用本器械采用一个切口就摘除两侧睾丸的手术方法。经灵武、永宁、银川、石嘴山等市县应用，证明效果较好，和原有阉割器械与阉割方法比较，其阉割效率和成活率均有所提高。

(二)阉鸡器械

新式阉鸡器械主要有扩张器、摘睾钳，其次还有手术刀、保定杆、钩针、镊子等（见图6-6）。

(三)操作方法

1. 用保定杆将鸡保定确实，术部拔毛消毒，于右侧倒数 1~2 肋间，背最长肌外缘，将向前推移的皮肤切开。用手术刀柄沿最后肋骨前缘捅开腹腔，用扩张器或扩创弓扩开创口。

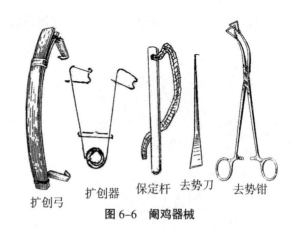

扩创弓　扩创器　保定杆　去势刀　去势钳

图6-6　阉鸡器械

2. 如腹膜未破或创口太小，用去势刀的钩针钩破或扩大，用摘睾钳将肠管拨开，尽力暴露睾丸，用摘睾钳钳嘴上横端内缘将隔着肠系膜的下侧睾丸钩出。并用钳嘴上横端将睾丸翘起，缓缓张开钳嘴，使睾丸从钳嘴上横端滑到钳嘴两横端之间。调整钳嘴将整个睾丸钳夹于钳嘴上、下两横端之间。用钩针将被覆在睾丸外的肠系膜、睾丸被膜钩破（此处肠系膜属无血管三角区，一般血管很少），拈转摘睾钳将下侧睾丸摘出体外。

然后用摘睾钳再将上侧睾丸，钳夹于摘睾钳钳嘴上下两横端之间。用钩针将被覆在睾丸外的睾丸被膜钩破，拈转摘睾钳将上侧睾丸摘出体外

3. 松脱扩张器，创口不必缝合。在摘除睾丸时，如上侧睾丸遮盖下侧睾丸，可先取上侧睾丸。上侧睾丸钳夹后为防止出血，先用钩针将睾丸被膜钩破，然后再摘除睾丸。这样可以避免出血，便于摘除下侧睾丸。也可双侧切口摘除睾丸。

（四）注意事项

1. 阉割时应避免损伤肋间、肠系膜及睾丸根部等处血管，防止造成出血死亡。

2. 摘除睾丸时一定要将睾丸完整摘出，如睾丸过大，也须分次全部取出。

3. 钳夹睾丸时要避免夹住肝脏、肠管等其他组织。

4. 术前应绝食 12~24 小时，便于操作。

（五）体会

1. 利用摘睾钳摘出睾丸，方法简便。即使没有阉过鸡的人员，在睾丸暴露情况下，也能较快摘出睾丸，较用马尾套取睾丸易学且好掌握。

2. 摘睾钳保留了止血钳特点，操作时可利用弹簧齿开张或关闭，这就使固定钳夹睾丸，钩破肠系膜及睾丸被膜，拈转摘出睾丸，防止睾丸滑脱等操作更为方便。

3. 扩张器用弹性钢丝或自行车辐条制成，制作简单，使用方便。

4. 摘睾钳钳嘴因宽度受到限制，故最适于 45 天左右公鸡去势。当睾丸过大时，易造成部分睾丸残留腹腔内，所以必须严格掌握去势鸡的日龄。

第七章　冷冻疗法对畜禽肿瘤的治疗

冷冻外科是 20 世纪 60 年代发展起来的一门新学科。冷冻疗法已成功地运用于人体的某些疾病。沈阳农学院采用此法治疗兽医临床外科病也获得了显著效果。而冷冻疗法在宁夏兽医临床上的应用还未见报道。1986 年 3 月我们开展了此项研究，在对畜禽体表肿瘤治疗中，获得了满意效果。

一、材料与方法

(一)材料

冷源为液氮，温度-196℃，无色、无味、无毒，既不自燃，也不助燃，贮存于液氮罐中备用；小暖瓶 2 个，竹筷 10 根，脱脂棉适量。

(二)操作方法

1. 术前准备。作好患畜全身检查，确定肿瘤的大小及性质，以便采取相应的治疗措施后，再进行冷冻治疗。为方便操作大家畜需保定。治疗前准备好器械，先向小暖瓶内倒入少量液氮预冷，然后再倒入所需量的液氮，以免瓶胆爆炸。

2. 冷冻方法。

(1)棉签法：适用于体表小肿瘤。用竹筷的一端缠以棉花，蘸取液氮，然后直接按压在体表小肿瘤上待冻融。

(2)倾注法：对于体表大肿瘤，应事先采取手术切除。肿瘤切除后，垫上一层脱脂棉，将液氮倒在脱脂棉上，直接冷冻。

3. 冷冻时间与次数。冷冻时间可根据肿瘤的大小、性质及部位决定。冷冻治疗必须有一个冷冻融解阶段作为一个周期，称为一个冻融期。一般小肿瘤可冷冻 1~5 分钟，2~3 个冻融期；若肿瘤大，涉及组织深，需大的冷冻程度，可取 3 个以上冻融期。冷冻后观察 1~2 周，如无瘤组织再生，可不再冷冻，有则再次深冻，以彻底冻灭瘤组织。

4. 术后处理。小肿瘤冷冻后无需处理，可自行脱落而痊愈；大肿瘤手术切除后需冷冻，每天涂以紫药水，使创面保持干燥，如化脓感染可按一般外科处理。

二、冷冻治疗情况

共计治疗畜禽体表肿瘤 23 例，其中骡 3 头、驴 5 头、马 2 匹、羊 3 只、猪 5 头、鸡 5 只。除 3 头骡与 2 头驴采用手术切除肿瘤后冷冻，其余均采用单纯冷冻治疗。3 头骡、2 头驴经治疗半年后追访，均未见复发与转移。1 次冷冻治愈的有 1 只羊、2 头猪、2 只鸡，2 次冷冻治愈的有 2 只羊、2 头猪、2 只鸡，3 次冷冻治愈的有 1 头猪、1 只鸡，还有配合治疗的共 23 例畜禽体表肿瘤全部治愈，且未见复发。

三、典型病例

银川市郊区满春乡八里桥 9 队农民贾兆喜家有母驴 1 头，9 岁，于 1986 年 7 月 3 日拉到农科院兽医院就诊。局部检查：患畜腹下乳房前有一 23 cm×17 cm 大的肿瘤，前右侧有一 13 cm×11 cm 大的肿瘤，在其周围又有 6 个核桃至蚕豆大的肿瘤，与畜主商量后决定采用手术配合冷冻治疗。手术切除 2 个大肿瘤后，创口上垫一层薄脱脂棉，然后在脱脂棉上倾倒液氮，以彻底冻灭瘤组织，其余 6 个小肿瘤用棉签法冷冻，1 周后患畜治愈出院，1987 年 4 月 1 日追访，未见复发。

四、讨论与小结

本试验应用液氮作冷源，对 23 例畜禽体表肿瘤进行冷冻治疗，获得了良好效果。其作用机理，大多学者认为快速冷冻在细胞内外形成冰晶，使细胞内微细结构受到机械性损伤引起细胞损害。其次当快速冷冻时细胞内水分没有足够时间渗透到细胞外间隙，引起亚细胞成分的破坏，如缓冲酶系统变性，导致细胞死亡。再次是造成脱水状态，使体液电解质浓缩，细胞发生代谢障碍，促进细胞死亡。同时小血管和毛细血管被堵塞，造成血流淤滞，发生循环障碍，局部贫血、缺氧，促进细胞死亡。温度的变化造成类脂质白的变性，致使细胞破裂，导致细胞死亡。

试验表明，冷冻疗法治疗畜禽体表小肿瘤，迅速而安全，根据需要可重复应用，直至完全治愈。对于体表大肿瘤，采用手术切除后再应用冷冻治疗，有利于彻底除灭瘤组织，防止复发，同时冷冻还有较好的止痛止血作用，这样可减少对健康组织的切割损伤。

冷冻疗法治疗畜禽体表肿瘤，方法简便易行，且安全、经济，尤其对体表小肿瘤效果更确实。我们对 23 例畜禽体表肿瘤采用本法治疗，全部治愈，效果为 100%。

第八章 动物血管铸型标本的制作

形态解剖学是研究生命科学的基础，要研究某种生物发生的行为或表现出的现象，必须首先清楚该生物及其相关组织器官的解剖形态构造，尔后才能以此为基础进行深入的研究。为此形态解剖学为世界各国所重视，因为它往往是相关领域的学术窗口和专业技术水平的标志。动物铸型标本的制作是向动物管腔内灌注耐酸碱的填充物，填充物凝固后利用酸碱将周围组织完全腐蚀，再经冲洗，填充物就以管腔原状保留显示出来，从而制作出了保留管腔原形的铸型标本。照此可以利用动物体内密布的血管，灌注耐酸碱的铸型材料，材料在血管内凝固后，酸碱将组织腐蚀掉，铸型材料就以密布血管的原状保留了下来，从而制作出了既保留组织器官原来形态，又清晰地直观到血管立体构筑和分布的组织器官标本。制作良好的器官血管铸型标本，不仅保持了器官的基本形态，而且能保留复杂的血管系统的立体构筑和分布，可为动物科学、动物医学的教学、科研和生产医疗实践提供直观的形态学依据。

一、铸型材料与配制

(一)铸型材料的选择和要求

理想的铸型材料应符合以下要求：①来源广泛，取材方便，价格低廉；②配制简单容易；③操作方便流动性好便于灌注；④有理想的凝固性，理化性能好，耐酸碱；⑤易与色料混合，好配色，色泽鲜艳且不褪色；⑥成型饱满收缩率低；⑦既有理想的支撑力，又有可观的柔韧性，使制作的标本能保持组织器官的原有形态，血管不易断裂；⑧毒性低、刺激性小，制作的铸型标本能长期保存。

(二)常用的铸型材料

1. 丙烯腈-丁二烯-苯乙烯塑料，缩写为 ABS。ABS 树脂由丙烯腈、丁二烯、苯乙烯三种单体聚合而成，如改变三种成分的比例可以改变 ABS 树脂的性能。ABS 树脂的型号有异，每个工厂或同一工厂的每批 ABS 的配方不同性能也有变化。如果 ABS 树脂透明度好，呈浅象牙色易溶于丙酮和丁酮，调配成各种颜色的填充剂后制作出的标本色泽鲜艳好保存，是适合的铸型材料。

2. 过氯乙烯是聚氯乙烯经氯化后的产物，又称氯化聚氯乙烯，聚氯乙烯树脂的最高连续使用温度仅为 65℃；通过氯化处理后生成的过氯乙烯最高连续使用温度可达105℃，而且有更好的溶解性。过氯乙烯为白色粉末，耐化学性能优良，可溶于乙酸乙酯，难溶于丙酮，制作出的铸型标本色泽鲜艳，成型美观，支撑性柔韧性好。但由于使用的溶剂乙酸乙酯较丙酮价高一倍，铸型标本造价高于使用 ABS 树脂。

3. 环氧树脂是由 4-羟基苯基、丙烷（简称双酚 A）和环氧氯丙烷为主要原料缩合而成的合成树脂。环氧树脂是分子结构庞大、分子量很高的高分子有机化合物，它是由低分子有机化合物的单元组成通过聚合反应生成高分子有机化合物，呈固体状态。环氧树脂在催化型固化剂丁 31 的作用下生成聚合物。丁 31 固化剂无毒没有刺激性，挥发体在相对湿度大于百分之八十的环境下固化环氧树脂，适于制作管腔铸型标本。为了降低环氧树脂的脆性可适当加入增塑剂，常用邻苯二甲酸二丁酯和邻苯二甲酸二辛酯；增塑剂不参与固化反应只起增塑和稀释作用；没被固化的环氧树脂比较黏稠；不便灌注；可加入适量的稀释剂以降低黏稠度。常用丙酮、乙醇、二甲苯、乙酸乙酯、乙二醇等作为稀释剂。稀释剂只混合于树脂之中，不起固化反应。用环氧树脂制作标本在配制过程中必须按配制顺序进行，并在一切准备工作就绪后，临灌注前才配入固化剂并抓紧灌注，否则因固化反应逐渐浓稠导致灌注困难。但环氧树脂铸型剂收缩率低，充盈饱满支撑力强常被作为大的管腔灌注 。

(三)常用的溶剂：颜料和增塑剂

1. 常用的溶剂有丙酮、丁酮、乙酸乙酯。ABS 树脂易溶于丙酮、丁酮、过氯乙烯溶于乙酸乙酯，难溶于丙酮；丙酮还可以作为环氧树醋的稀释剂。

2. 颜色的选配。油画颜料能溶于有机溶剂丙酮等，而且配制出的铸型剂色泽鲜艳，可根据标本的需求选择，一般灌注动脉选用红色，静脉选用绿色或蓝色，胆道和胆囊选用柠檬黄色，气管，支气管、肺泡选用白色或铸型剂原色。因配色很难配到一致，所配色时一次要配足用量，防止制作出的标本色泽不一致。

3. 增塑剂。为了增加标本的柔韧性，防止脆裂，配制铸型剂时加入适量的增塑剂，常用的增塑剂有邻苯二甲酸二丁酯等。

(四)铸型材料的配方

1. ABS 树脂　　　　　　75~125 g

丙酮或丁酮　　　　　　500 ml

充分溶解后加入油画颜料适量，摇匀后加入邻苯二甲酸二丁酯15~25 ml 摇匀后使用。

2. 过氯乙烯　　　　　　75~125 g

乙酸乙酯　　　　　　　500 ml

充分溶解后加入油画颜料适量，摇匀溶解后加入邻苯二甲酸二丁酯15~25 ml 摇匀充分溶解。

3. E-44 型环氧树脂　　　100 ml

邻苯二甲酸二丁酯　　　15~25 ml

丙酮　　　　　　　　　适量

丁 31　　　　　　　　　20 ml

油画颜料适量。先将环氧树脂、邻苯二甲酸二丁酯、丙酮混合搅拌均匀，再加入丁 31 和油画颜料搅拌均匀，配好后放置 3 分钟左右以排除混入的气泡再进行灌注，灌注要抓紧时间。

二、铸型标本制作过程

(一)铸型标本材料的选择和处理

制作铸型标本的材料应依据所制作标本的要求和目的进行选择和处理，一般要求材料要新鲜无损伤，最好是宰杀动物后立即进行采摘，因为刚宰杀后的动物组织器官柔软，富有弹性，血管内血液尚未凝固、管道畅通。要利用因难产死亡的牛犊，需抓紧时间尽快利用。采摘标本材料时，要熟悉所采摘组织器官的局部解剖和周围租织的关系，切取的器官材料要尽可能完整无损伤，以防在制作标本过程中漏液后形成大的结块。必须损伤的部分，对于损伤的血管要进行结扎等处理，血管尽量要留长，以便插管结扎与固定。如系实质器官，血管多从器官门出（肝门、肾门、肺门等）。取材时尽量不要伤及脏器，器管门的管道要留足够长度。如系死亡动物，要根据制作标本的目的要求将动静脉切开、通过动脉灌注温生理盐水冲洗，直到从静脉流出清澈液体，并在灌注铸型剂前先灌注丙酮。

(二)常用器材的准备

在制作铸型标本前要认真做好准备，以免造成操作过程忙乱，影响制作工作和所制作标本的质量，甚至导致制作标本失败。为了使制作标本工作顺利进行，必须要根据制作标本所用的材料、铸型剂的特性、灌注方法等，准备好所需要器材。制作管道铸型标本常需要如下器材。

1. 注射器：一般都用塑料注射器，规格有 50 ml、30 ml、20 ml、10 ml。50 ml 塑料注射器常用来冲洗管腔和灌注阻力小的宽大管腔，30 ml、20 ml、10 ml 注射器依阻力大小选择使用，灌注中阻力越大用的注射器越小。50 ml 注射器用于宰杀动物时麻醉注射用。使用前要检查注射器是否好用，对于不好用的注射器要及时更换。使用后要及时清洗检查，以备下次使用。

2. 插管（针头）：一般采用 16~20 号兽用针头和乳导管。针尖要磨钝，乳导管准备各种型号的，以便依管道粗细选择使用。用前须检查针头、乳导管是否通畅，用后要清洗捅通，以便下次使用。

3. 其他用品：有止血钳、手术刀、手术剪、手术镊、缝合针、缝合线、纱布、棉花等，其数量根据需要确定。

（三）灌注铸型剂

1. 插管。灌注铸型剂的关键是插管、结扎和灌注，尽可能避免或减少灌注中漏液。要插入灌注管道的插管，并要结扎确实，是制作铸型标本关键的步骤。制作某些铸型标本除需找到和处理好要灌入的血管并结扎确实，还要尽可能少地损伤周围组织，防止灌注时漏液，这也是有相当难度的。例如制作牛蹄动静脉血管铸型标本，找到分离出两侧的第 3、第 4 指掌（趾跖）远轴侧静脉，并将针头插入，还要通过针头插入细竹签，并在不损伤静脉的前提下，将静脉瓣膜捅破，才能将铸型剂灌注到蹄部静脉。这就要求一是必须熟悉局部解剖，二是要以最小的损伤准确地分离出要灌注的血管，并插入针头，用竹签捅破静脉瓣膜。如操作中静脉周围组织损伤过大，就会造成灌注中漏液，导致操作中发生许多麻烦，甚至影响标本质量。有些铸型标本的制作插管并不困难，难的是插管（针头）结扎固定，防止灌注中从针头周围漏液。如心脏冠状动脉插管并不困难，但插入后将冠状动脉窦处结扎处理好就不容易了。要分离并准确地找到要插管的管道（血管），必须首先熟悉解剖和周围组织的关系，另外在分离寻找管道（血管）时要尽可能少损伤管道周围组织。灌注中最主要的是要避免或减少漏液。为此就须将插管结扎处理好。通常有三种结扎方式（以动脉为例）：①插管后用止血钳将插管（针头）连同动脉用止血钳钳夹用 18 号线扎紧，防止灌注中从插管（针头）周围漏液，为了防止将动脉勒破，可在动脉周围垫上棉花或纺布再结扎。②如动脉断端较短可用缝合针深入连同动脉周围组织一并缝合结扎。③如系分离动脉时造成周围组织损伤较大，漏液点在插管周围有两处以上，可以用缝合针围绕动脉行烟包缝合括约结扎。

2. 灌注铸型剂。灌注铸型剂是制作铸型标本最关键的步骤和技术，用 ABS 树脂和过氯乙烯配制的铸型剂是属于溶剂挥发凝固型铸型材料，遇水溶剂挥发铸型剂立即凝固，所以灌注中易造成管道阻塞且收缩率大。一次灌注往往不能饱满成型，还需要补注。灌注前先用温生理盐水冲洗管道（血管），再灌注丙酮，防止灌注铸型剂遇水凝固阻塞管道。灌注铸型剂先灌注低浓度的，再灌注高浓度的。漏液、冒液和喷液是灌注中常出现的问题。如在用温生理盐水冲洗或丙酮冲洗中发生漏液等情况时，要立即进行处理。组织器官实质发生的漏液等情况（如肝肾心肺脾等），可以用棉花或纱布压迫塞填止漏。关于灌注程度的控制，灌注量过大、血管太稠密往往影响组织器官的血管立体构筑，灌注量过小导致有些血管因没有灌注上铸型剂而缺失，在标本上显示不出来。另外灌注时压力过大还容易撑破血管，漏液后造成结块，影响标本质量。而压力太小一些末端小血管灌注不上铸型剂，腐蚀后出现缺失。掌握灌注程度通常都是观察灌注中标本的充盈程度组织器官边缘末梢血管的色泽，感觉灌注阻力的大小结合灌注的量，综合判断灌注的程度。这就需要多实践多比较，体会积累经验从中摸索规律。一般首次灌注一定时间后 由于溶剂挥发，铸型剂凝固并发生收缩，为了得到饱满的铸型还需要补注。补注的目的主要为了使主干（主管道）饱满。补注的铸型剂浓度要大，补注的次数和间隔的时间视情况而定。补注时压力不能大 因补注往往是在标本放置了一定时间后才进行，组织已发生了不同程度的变性而脆弱，压力过大易造成血管（管道）被撑破，导致铸型剂溢出发生结块，影响标本质量。另外在灌注中始终都要注意保持组织器官原有的正常形态，避免造成形态改变失去标本的意义。所以在整个制作过程中都要将器官材料摆放好，并即时进行整形，始终保持标本器官的原有形态。

（四）腐蚀和冲洗

1. 腐蚀。腐蚀是灌注铸型剂后，利用物理、化学或生物的方法除去已铸型管道周围的组织，使已铸型管道（血管）的立体构筑充分显示出来。常用的方法有酸腐蚀法、碱腐蚀法和生物腐蚀法等。现介绍酸腐蚀法：酸腐蚀法是用强酸将管道铸型标本中的组织腐蚀掉，充分显示管道的立体构筑。酸腐蚀法一般不受地域气候和气温的影响，操作简便省时，多用于制作实质性器官如心、肺、肝、肾、脾等脏器，以及不保留骨骼的头颈、四肢、蹄等血管铸型标本的制作，腐蚀多用盐酸。腐蚀时间的长短与盐酸的浓变、温度有很大关系。以牛蹄血管铸型标本的制作为例，在相同酸的用量、浓度的条件下，冬天用时超过一个月，夏天用时半个月，在40℃的恒温箱内只需要一周。在相同盐酸用量和浓度的条件下，不同组织器官被腐蚀的时间也不一样，肺脏一般用1周，肝脏需1天，牛蹄需15天以上。腐蚀时要求一件标本放一个容器，如几件标本同放一个容器在更换腐蚀液或冲洗过程中会发生互相碰撞，挤压甚至血管相互缠绕发生损破。腐蚀中容器要大，防止挤压造成标本变形而失去原始的形态外貌。腐蚀一定要充分，因骨、角质比肌肉难以腐蚀而且重量大，防止腐蚀不透造成标本制作失败。

2. 冲洗。铸型标本完成腐蚀后，需将被腐蚀掉的组织用水彻底冲洗掉，一般先将盐酸抽取，抽取的盐酸还可利用，但不能将盐酸彻底抽干，要留一部分使标本还可以得到一定的浮力，可以保护标本防止破损。冲洗时水压要适当，既要将腐蚀掉的组织尽可能充分冲洗悼，又要防止水压过大将细小血管冲断。冲洗常采用两种方法，一种是将水龙头对准容器内壁但不直接冲洗标本，另一种是将水龙头置容器底部也不直接冲洗标本，都是采用不断进水和出水方式，直到将标本冲洗干净容器内的水清澈透明为止。如冲洗后仍有腐物粘附在标本上不易除掉，可将标本再放入盐酸中浸泡3~5天，再同法将标本冲洗干净，尔后再将标本浸入肥皂水中1~2天，捞出后冲洗干净。冲洗过程中若出现脱落的断支要收集保存以便修整标本时利用。

（五）修整与保存

1. 修整。冲洗完成后管道铸型标本还需要修整，使标本造型尽可能完整真实美观，并保持正常的铸型管道立体解剖构筑形态位置，达到教学、科研、临床与生产实际应用的要求；修整的好坏直接影响到标本的质量。修整主要有以下工作。

（1）除掉凝块。由于管壁簿，当灌注压力大就会容易撑破，另外变性的组织器官的血管也容易撑破。血管撑破后铸型剂溢出在管道外，形成结块，直接影响标本的质量，必须尽可能除去。摘除常用止血钳、持针钳、手术剪、手术刀、镊子等，操作要细心严防损坏标本。如凝块过大先用手术刀、手术剪、持针钳或老虎钳小心分层次地整碎，再小心逐步分小块细心去除。对于操作中断裂的管支要即时原位粘接好。为了减少凝块应在灌注时或在腐蚀前就将能清除的凝块清除掉，因此时结块较软清除容易。另外摘除凝块应在冲洗后立即进行，此时铸型剂还没有完全硬化，还有一定的韧性，操作不易弄断管支。

（2）粘接断支。对于在腐蚀、冲洗、修整过程中发生的管道铸型标本的断离分支尽可能使用原有断支即时粘接，用原色铸型剂原位粘接修复。如原断支找不到或损坏严重无法再用，也可自制相似的断支修复。当粘接处色泽与标本不一致，显示出明显痕迹时，可利用原色铸型剂涂抹，力求标本显色一致。如果同批制作多件同种器官的铸型标本，每个标本都发生分支断离，甚至发生部分缺损，由于同为一种器官的标本可以利用一件标本修复多件质量不高的标本。在修复中为了防止损坏标本，可以放在水中进行修整。

（3）涂色时如果发现标本某处部分色泽与标本颜色不协调一致时需要涂色，一般都是利用原色的铸型剂进行，涂染力求标本色泽协调一致。

2. 铸型标本的保存与搬运。管道铸型标本尽管经过腐蚀冲洗修整等操作，但是很难将标本内的组织彻底清除干净，尤其管道密集的部分，所以制作好的铸型标本还需要防止霉变。

（1）保存。干燥保存法适用于腐物组织清除较彻底，体积较小，分支较粗或相互交织成网状不易断裂的铸型标本。存放前还可以向干燥的铸型标本上喷上清漆，能使标本色泽更加鲜艳，又可增加标本的韧性。存放标本的容器宜宽大，防止标本受挤压，并在容器内放入防腐剂和干燥剂避免标本吸湿霉变。在标本的搬动运输放置过程中要小心操作，以防严重震荡冲憧挤压而使标本损坏。湿保存法是将标本放置在配制好的防腐液中，常用的保护液为蒸馏水配制的5%的甲醛液，甲醛用瓶装的化学纯甲醛，也有用常水和工业用甲醛配制的，因杂质较多保存液易混浊影响标本的观察和美观。

（2）搬运。制作好的铸型标本尽量减少长途搬运，必须搬运时要防止强烈震动碰撞，必须采取包装稳固措施。常用的方法是将容器盛满水，口封实再进行搬动运输，且运输途中车速要慢要稳。对多个心、肺、肝、脾、肾、蹄等血管铸型标本，运输前将容器内的防腐液倒掉，标本周围用卫生纸等软纸衬确实，再进行运输。并在装卸、搬运、安放过程中要细心，防止损坏。对于搬运过程中发生的破损断支要及时修复。运输完成标本安放好后，要及时放入防腐液进行保存。

三、马、驴、牛、羊、猪心脏血管铸型标本的制作与观察

（一）马、驴、牛、羊、猪心脏血管铸型标本的制作

1. 材料。

（1）心脏的选择与采摘。选用刚宰杀的健康马、驴、牛、羊、猪的心脏。摘取和断

离血管时，必须要保证心脏完整无损伤。为了保证完整的摘取心脏，必须熟悉心脏的解剖及其与周围器官的关系。马的心脏位于胸腔内，介于左肺和右肺之间，略偏左，呈左、右稍扁的圆锥体。心脏的外形可分为心耳、心室、心尖和心底。心底为心脏宽大的上部，与出入心脏的大血管相连，约与第5肋骨间隙相对，在膈前约2~5 cm处。心的前面隔着心包与胸横肌，胸骨体以及第3~6肋软骨相接。此外心包前面尚遮以胸膜壁层和肺的前缘(左肺切迹除外)，心的后面隔着心包与胸主动脉（为主动脉弓的直接延续），食管、胸导管和迷走神经等相接。心的两侧隔着心包，膈神经和心包膈血管，与左、右纵隔胸膜及左、右肺的纵隔面毗邻。肺静脉干起始于肺泡周围的毛细血管网，最后汇集成7~8支大的静脉注入左心房。而肺动脉干是自右心室的动脉圆锥起始，在第5胸椎高度形成肺动脉杈，分为左、右肺动脉入肺。在摘取心脏时，必须连有一定长度的主动脉及其臂头动脉总干，肺动脉，肺静脉，前、后腔静脉等大血管，摘下心脏并打开心包前壁，剪去游离的心包。

（2）铸型剂材料的配制。用丙酮作溶剂，分别称取ABS树脂75 g、100 g和250 g，分别加入到500 ml的丙酮中，放入35℃~40℃的恒温箱内1~2天，搅拌均匀配制成每100 ml含ABS树脂15 g、20 g、50 g的三种溶液若干瓶。

蓝色与红色铸型剂液的配制：向三种溶液中分别加入酞氰蓝油画颜料，边加边搅拌直到达到需求的色泽为止，三种溶液调色要求基本一致。同法配制红色铸型剂液。向配制好颜色的铸型剂液中再加入5~10 ml的邻苯二甲酸丁酯，摇匀。

（3）常用灌注器材的准备。10 ml、20 ml、30 ml、50 ml的塑料注射器若干具，18~20号的兽用静脉注射针头(针尖磨钝)，乳导管，止血钳，手术镊，手术刀，缝针，棉花，纱布，缝合线等。

2. 制作方法。

（1）灌注。心脏本身的供血，主要靠冠状动脉（左、右冠状动脉），静脉主要有心大静脉，心中静脉，心小静脉。另外，心脏有左心房、左心室、右心房、右心室、主动脉、臂头动脉、肺静脉、前腔静脉、后腔静脉和肺动脉等。

①心大静脉、心中静脉的灌注。心中静脉起始心尖的后部，开口于右心房冠状窦口、后腔静脉根部。在右心房冠状静脉窦口处，用手术刀挑一小口，用剪刀扩大约2 cm长，通过冠状窦口向心中静脉插入18号针头，沿冠状窦口外缘行荷包缝合并结扎。先吸取丙酮液灌注，再用每100 ml含ABS树脂15克的蓝色铸型剂灌注。灌注时的压力要适中，以防撑破静脉壁，在灌注心中静脉时，蓝色铸型剂液通过交通支进入心大静脉，并通过心大静脉进入冠状沟内静脉窦，通过静脉窦进入奇静脉，为防止从奇静脉断端喷出铸型剂液，需结扎奇静脉离心断端。灌注后浸入水中待灌注液凝固后，循着奇静脉开口，于冠状沟内静脉窦处找到心大静脉开口，用手术刀刀尖挑破此处静脉窦壁，用剪刀扩大至2 cm，把18号针头插入心大静脉，行荷包缝合并结扎，灌注每

100 ml 含 ABS 树脂 15 g 的蓝色铸型剂。灌注中观察心壁蓝色铸型剂液进入的状况,待右壁、心尖壁静脉血管网充盈后浸入水中。待铸型剂凝固后,再同法向心中静脉和心大静脉分别补注每 100 ml 含 ABS 树脂 20 g 的蓝色铸型剂液。对于奇静脉及其相连的冠状沟静脉窦的铸型,待心中静脉和心大静脉完成灌注并铸型剂完全凝固后,严密缝合静脉窦上的破口,通过奇静脉灌注每 100 ml 含 ABS 树脂 50 g 的蓝色浓铸型剂,灌注后浸入水中,待塑胶液凝固后补注,直到所需程度。

②左、右冠状动脉的铸型。冠状动脉分为左冠状动脉和右冠状动脉两支,在肺动脉内侧,于主动脉根部用手术刀挑一横行切口,用剪刀扩大至约 3 cm 长,在主动脉窦部找到左、右冠状动脉的开口,并分别插入中等型号的通乳针。用止血钳沿左冠状动脉开口的外缘钳夹并轻轻提起,绕外缘行烟包缝后,通乳针围以棉花后,用缝合线结扎紧左冠状动脉外口。同法结扎右冠状动脉外口。先吸取丙酮液灌注左冠状动脉,再抽取每 100 ml 含 ABS 树脂 15 g 的红色铸型剂灌注。当一管铸型剂液推完后,及时堵住针头,换取另一管灌注,尽力减少液体流出。如在灌注中冒液,要即时处理。如系冠状动脉口冒出,可用止血钳夹住结扎部。灌注时在心脏表面可观察到填充剂的充盈情况,当灌注到心脏表面动脉时,尤其心尖部细小分支显现时,停止灌注,放入水中,使铸型剂液凝固。同法灌注右冠状动脉。尔后用每 100 ml 含 ABS 树脂 20 g 的红色铸型剂液补注,以达到要求为度。

③心房、心室的铸型。左心房、左心室的铸型。向左心室、左心房分别置入一塑料静脉滴管段,分别在静脉滴管段外周向左心室、左心房腔内填充棉花或碎纸屑适量,填充后通过塑料静脉滴管段灌注每 100 ml 含 ABS 树脂 50 g 的红色铸型剂液,灌注量以达主动脉根为度。灌注后放入水中,使铸型填充剂凝固。

右心房、右心室的铸型方法与左心房、左心室的铸型方法相同。灌注每 100 ml 含 ABS 树脂 50 g 的蓝色铸型剂液,当铸型填充剂凝固收缩并出现空隙后,再通过塑料静脉滴管段补注每 100 ml 含 ABS 树脂 50 g 的同色铸型剂液,补注的色泽一定要一致,灌注填充时要注意心脏的解剖形态,不能填塞过紧,以免心脏失去原有形态。

心房、心室的铸型也可以直接灌注每 100 ml 含 ABS 树脂 50 g 的铸型剂液,第一次灌注后放入水中,使铸型填充剂凝固收缩,然后补注到要求程度。但此法需用铸型剂较多。

④主动脉弓、臂头动脉总干和肺静脉的铸型。待左、右心房,心室灌注完,填充剂凝固后。将每 100 ml 含 ABS 树脂 50 g 的红色铸型剂液放入水中,促使其凝固,将凝固的红色铸型剂制作成主动脉弓和臂头动脉的形状,塞入主动脉内与已铸型好的左心室对接,然后向主动脉内灌注同色铸型剂液后置于水中,使主动脉与左心室按原有解剖形态成为一体。然后将铸型的臂头动脉塞入臂头动脉,并灌注同色铸型剂,臂头动脉与主动脉成为一体。

将刚凝固的红色铸型剂制作成 7~8 条肺静脉棒，为增强支撑力中央插入输液胶管段，按解剖位置关系填塞在对应的肺静脉内，尔后灌注同色铸型剂，使其与已铸型的左心房成为一体。为增强支撑力，在主动脉弓、臂头动脉总干和肺静脉的铸型中，为防止变形，增强支撑力，在中央可置入硬质输液胶管段或铁丝。

⑤肺动脉和前、后腔静脉的铸型。将每 100 ml 含 ABS 树脂 50 g 的蓝色铸型剂液放入水中，凝固后制作成肺动脉形状，按原有解剖位置关系与已铸型好的右心室粘接为一整体。

同法用凝固的蓝色铸型剂制作成前、后腔静脉的形状，按原有解剖位置关系与右心房粘接为一体。

（2）腐蚀。将灌注好的心脏放入水中，待其凝固后，除掉留在外面的多余铸型剂结块，放入标本缸或塑料盆中，加入盐酸，使心脏完全浸入到盐酸中腐蚀。腐蚀时间依盐酸的浓度和环境温度而定，一般市售粗制盐酸在 20℃~30℃室温需 1 个月，40℃恒温箱内需半个月。为加快腐蚀，可用黑塑料遮盖后在阳光下腐蚀。

（3）冲洗。将腐蚀好的心脏小心取出，放入已准备好的自来水中轻轻冲洗，避免冲断血管。为防止取移标本时造成损坏，可将盐酸抽出一定量后冲洗。冲洗时应根据血管的粗细程度来调节水压，使已腐蚀的组织易于冲掉而又不损坏铸型。待冲洗干净后，可用肥皂水浸泡，以中和残酸，避免标本发脆和退色。如果还有腐物不易除去，则可置于盐酸中再腐蚀，然后冲洗。冲洗后放入肥皂水中浸泡一天，再冲洗干净。

（4）修整。对冲洗干净的标本进行全面仔细的检查后，看是否有缺损和血管断裂的情况。若有血管断裂，应用相应的塑胶液粘连，以保持其完整，对于灌注过程中由于压力过大而造成的填充剂从破裂处溢出，在管道外形成凝块的，因其直接影响到标本的外形和对标本的观察，应用镊子或止血钳小心地摘除。最后将修整好的心脏铸型标本放入5%~10%的甲醛溶液中，用胶带封好缸盖，贴上标签，长期保存，以备教学和科研使用。

（二）观察

制作出的牛、马、驴、羊、猪心脏血管铸型标本从外形上看，均呈圆锥体。前缘较隆凸，后缘稍平直。心脏的左、右侧面均隆凸（见附图8、附图9、附图10、附图11）。从心基部观察，可以看到来自于右心室的肺动脉由心脏前基部斜向后上方，在心脏基部肺动脉的内侧，有来自于左心室粗大的主动脉。主动脉又分成了两个大的分支。一支是向后伸出的粗大的主动脉弓，另一支是向前伸出的稍细的臂头动脉总干。从心脏的右侧，可以观察到：主动脉根部的后方，有 7~8 支粗细不一的肺静脉，汇集并汇入左心房连为一体，并整体进入左心室。在肺静脉的根部，有一凹凸不平，呈蜂窝状的突出物，是左心耳的铸型。在心脏的基部，主动脉的后方，肺静脉的右侧，分别分布着前腔静脉和后腔静脉。二者向下行进，汇合并入到右心房。前腔静脉和后腔静脉汇合而又成为右心房的铸型，其右前方也有一凹凸不平、蜂窝状的突出物，是右心耳的铸型。由前腔静脉和后腔静脉汇合而成的右心房向心尖部整体延伸，并呈锥状增粗，其又铸型为右心室。从右心室发出了肺动脉。由肺静脉汇合而成的左心房向心尖部延伸，也呈锥状增粗，并铸型为左心室。从左心室发出的主动脉在肺动脉的后方，沿肺动脉两侧，于主动脉根部，发出了供应心脏血液的左冠状动脉和右冠状动脉。左冠状动脉自主动脉根部左后窦发出，较粗大经肺动脉与左心耳之间，前行了短距离，至心左缘附近分为两个大的分支前降支（前室间支）和旋支。前降支为左冠状动脉总干的延续，较粗，弯曲成树枝样。前降支向下部行走至前室间沟内，发出12~17支细小的室间隔支，它营养着室间隔的前2/3区。当前室间支或左冠状动脉梗死时，可产生自发性的传导阻滞。这些小绒毛状的分支全部都垂直散向左心室。紧接着室间隔支向下行走，又分出了前降支的第二个大的分支，动脉圆锥支。此支比较细小，比右冠状动脉的同名支细小，它向左侧延伸与右冠状动脉的圆锥支互相吻合，形成动脉环。在接近心尖切迹，又分出了第三个大的分支，左室前支，一共有3条，均呈树枝状，是前室间支向左发出分布到左心室前壁的较大分支。前降支继续行进至后室间沟的下1/3段，故心尖区的血液供应大多数来源于前降支。左冠状动脉的旋支较前降支稍细，行于冠状沟内。与右冠状动脉的横支吻合。它的分支多且细长，在行进的过程中发出了第一个小分支——左房前支，很细长，弯曲，像蚯蚓，向斜上方直至肺静脉与主动脉弓之间的间隙处。在它的上面，又有很多微绒毛样的更细小的分支。旋支继续向左下方行进，分出了第二个分支——左房后支，此分支有两条，互相并列，像毛刷状，向下垂直于左心室。左缘支是伸向左心室的一支管径较粗的分支，与主干相近，一直分布到心左缘。除了这几支较大的分支外，还有很多条细小的微绒毛状的小分支交错盘旋至心左缘与房室交点之间。右冠状动脉较左冠状动脉细小，它从主动脉根部向右侧冠状沟内向右下行，绕过心锐缘，转向膈面的冠状沟内，至房室交点处沿后室间沟下降，成为后降支（后室间支）。从整体看，它的主要分支有三条。动脉圆锥支，它是右冠状动脉在行进过程中发出的第一条分支，较细小，呈刷状。它又向左伸延，与左冠状动脉的同名支吻合。第二条分支是右室前支，可见1~5支，呈毛刷状，一直分布到右心室的前壁。这些分支可成为左右冠状动脉分支间潜在的侧副循环通路。第三条大的分支是右室后支，有4条，较右室前支小，向内下方斜行终止于后室间沟下段附近的心尖区，大部分在右心室的后壁。

从心尖部观察，可看到，起始于心尖和前室间沟下1/3段的心大静脉与左冠状动脉的前降支伴行，边走边越过室间支及其分支，继续上行至前室间沟的上1/3段，离开前降支而斜向左上方进入左侧冠状沟，位于左冠状动脉旋支的前上方。心大静脉的主要分支有左缘静脉，是第一个大的分支，弯弯曲曲伸向左心室前壁。左房前静脉有1~3支，与同名动脉伴行，是比较细小的静脉，收集左心房前外侧壁、左心耳及左大动脉根部的血液。它在向右心室行走时分出了左室前静脉和后室前静脉。左室前静脉有1~8支，呈细小的微绒毛样，收受左室前壁静脉血。右室前静脉较细小，可见1~3支，向右行进至冠状沟，经右冠状动脉主干的浅面直接注入右心房，主要收受右室前壁的血液。右冠状动脉后降支的浅面，在房室交点附近注入冠状窦。起始于心缘处的心小静脉，向上绕过心室到右心室附近，最后注入心中静脉和冠状窦，从标本整体看，保持了心脏原有的形态。

（三）体会

1. 完整无损伤的心脏，是成功制作心脏血管铸型标本的前提。为此取材时应特别小心，尽可能保证心脏外形的完整，主动脉、前后腔静脉、肺动脉等血管尽量留全，并有足够的长度，这样便于插管灌注，可减少填充剂的漏出，确保心血管铸型的饱满和完整。应选取年龄较轻的心脏制作标本，因为老龄动物的心脏容易出现不同程度的肥大和心脏血管硬化，管道变窄，灌注时血管易破裂，用此类心脏制作血管铸型标本会影响心脏血管铸型标本的质量。

2. 制作心脏血管铸型标本，应先灌注心脏的静脉，后灌注动脉，再灌注铸型心房和心室，最后是铸型大静脉和动脉，并与相对应的心房、心室按原有解剖位置关系粘接于一体。

3. 灌注右冠状动脉时的压力要小于左冠状动脉。原因是右冠状动脉分布的心肌较薄弱，血管周围组织保护较差，压力过大，容易撑破血管。

4. 填塞左、右心房，心室用的棉花或纸屑一定要浸透填充剂，一次不要填塞的太多太紧，太紧容易造成心脏变形而失去原有形态。

5. 用放入水中凝固的铸型剂制作成主动脉、前后腔静脉、肺动脉、肺静脉，并与相对应的心房、心室粘接。在操作过程中注意三点。一是要求配制的铸型剂浓度要高。二是铸型剂凝固后较软，易变形，在制作以上大管径动静脉时中央置塑料静滴管段，粘接时将血管调整至正常方位立即放入水中凝固硬化。三是与心房、心室连接时用的铸型剂液颜色要相同，以保持标本的美观。在腐蚀的时候，心脏内血管处于封闭状态甚至仍为液状，应使铸型剂完全凝固后再放入盐酸中进行腐蚀，防止标本失去原有形态。

6. 从制作出的马、驴、牛、羊、猪心脏血管铸型标本观察，并与人心脏血管铸型标本相对照，外观形态和动、静脉血管立体构型基本相同。近些年静脉栓塞造成肺梗阻病例明显增多，观察心脏血管铸型标本，前后腔静脉是动物最粗大的静脉。动物体某处（特别是四肢），静脉栓塞一旦活动就随静脉血向心回流，静脉越流管径越粗大，很容易通过前后腔静脉进入右心房、右心室，从右心室又通过粗大的肺动脉进入小循环（肺循环）。从肺动脉的静脉血进入肺泡进行气体交换过程中，其血管直径又越来越细，这就导致了静脉内的栓塞堵塞在不能通过的肺部血管而发生肺梗阻，严重者甚至造成死亡。通过观察心脏血管铸型标本可以很容易弄清这一疾病的发生过程。

7. 在制作心脏血管铸型标本中数次发现，灌注冠状动脉的红色铸型剂液进入心大静脉、心中静脉血管的现象。据有关资料反映，在灌注牛蹄部血管中也出现此现象。结果发现是蹄部动静脉血管间有吻合支，在组织胺、乳酸等活性物质的作用下，动、静脉吻合支开放，使动脉血不经毛细血管网直接进入静脉，就造成局部组织动脉血不足而发生缺氧代谢，产生许多氧化不全产物，刺激组织发炎而引发蹄叶炎。如果心脏动、静脉之间确实存在动、静脉吻合支，也会造成动脉血不经毛细血管网直接进入静脉，造成相应部位的心肌缺血。目前心脏是否存在动、静脉吻合支，还没定论，仍需进一步研究加以确定。在观察心脏血管铸型标本还发现小动脉之间有吻合，特别是越到心尖部这种吻合越明显。当冠状动脉小分支发生栓塞，造成局部心肌缺血，严重者甚至组织变性，这种吻合可以从侧支循环扩大血容补偿该部的缺血，去加以组织修复。这也许是有些心梗发生后能很好存活的原因。

四、马、驴、牛、羊、猪肺脏铸型标本的制作与观察

(一)马、驴、牛、羊、猪肺脏铸型标本的制作

1. 材料。

(1)选材与取材。用于制作标本的马、驴、牛、羊、猪肺脏，要取刚宰杀的健康新鲜肺脏（最好取心肺的联体）。要求肺脏完整、无破损。

(2)填充剂的配制。取 ABS 树脂 75 g 和 100 g，分别加入到 500 ml 的丙酮中，并放入恒温箱，在 40℃的条件下保温 24 小时后拿出，摇匀，再分别配制成每 100 ml 含 ABS 树脂 15 g 和 20 g 的溶液若干瓶，应用时加入不同的油画颜料（红、蓝、黄、玫瑰色），配成各种颜色的铸型剂液。红色的用于灌注肺静脉，蓝色的用于灌注肺动脉，不加任何颜色的用于灌注呼吸道，玫瑰色的用于灌注支气管动脉。

(3)灌注用器材。塑料注射器 20 ml、30 ml、50 ml 若干具，大、小、中型乳导管若干支，12、16 号针头（磨去尖头），粗的缝线，缝针，手术刀，止血钳，剪刀，药棉及纱布等。

2. 铸型标本的制作方法。

(1)灌注。

①支气管动脉的灌注。用剪刀将胸主动脉沿背侧剪开，在主动脉的起始部找到支气管食管动脉的开口，用 12 号针头小心插入，使针头进入支气管动脉中，然后用缝线结扎，并打成活结，再用止血钳固定针头，以防其滑动或穿透血管壁。先吸取适量丙酮注入，再吸取每 100 ml 含 ABS 树脂 15 g 的玫瑰色铸型剂液注入，注入量以不能再注入为度，最后拔出针头，立即扎紧缝线将肺放入水中。

②呼吸道的灌注。将气管在距气管分叉处约 15 cm 的地方切断，用缠有纱布的一次性输液器显示管（剪去两端的软管）装入气管的断端，使其外端与气管断口相对齐，

在显示管与支管壁间围衬上纱布。再用缝线绕气管外扎紧，但不能把显示管扎扁。然后把中型乳导管从显示管的中央插入。先吸取每 100 ml 含 ABS 树脂 15 g 的白色铸型剂液灌注，再吸取每 100 ml 含 ABS 树脂 20 g 的白色铸型剂液灌注，如果气管中有气体时，应将肺轻轻提起，同时拔出乳导管后将肺慢慢放下让气体出去，当看到铸型剂液将要流出时再插入导管灌注。注入的量以马、驴、牛、羊、猪肺脏不同掌握。最后将肺放入水中，促使铸型剂凝固。

③肺静脉的灌注。肺静脉的分支多，壁薄且口径大，灌注比较困难。开始我们利用结扎的方法一个分支一个分支地进行灌注，但这样做既麻烦又难以控制铸型剂液从结扎口向外流出的现象。后来从心脏左心房处切开，使肺静脉与心房的连接处具有一段长约 2 cm 的总管道，可以一次性结扎灌注。灌注前，先用纱布条将其缠绕在一大型乳导管的后 1/3 处，再将缠绕纱布的乳导管塞入肺静脉中，使乳导管的头部伸入较粗的肺静脉的分支中。用带缝线的缝针从肺干与肺静脉之间穿过，绕肺静脉总管道外围将血管、纱布及乳导管一起扎紧，用止血钳固定，以防其滑动。先吸取丙酮灌注，再吸取每 100 ml 含 ABS 树脂 15 g 的红色铸型剂液灌注，最后注入每 100 ml 含 ABS 树脂 20 g 的红色铸型剂液，当看到肺的边缘血管分支出现红色时停止灌注，并拔出乳导管，立即扎紧结扎线，尔后将肺放入水中。

④肺动脉的灌注。肺动脉的灌注相对肺静脉容易。先剪开肺干，将缠有纱布条的大型乳导管插入肺动脉且使导管的头部进入较粗的分支中，进行结扎。吸取每 100 ml 含 ABS 树脂 15 g 的蓝色铸型剂液灌注，再吸取每 100 ml 含 ABS 树脂 20 g 的蓝色铸型剂液灌注，直至看到肺的边缘血管分支出现蓝色，肺内压力较大时为止。最后拔出乳导管，立即扎紧缝线，将肺放入水中。

为了科研、教学、临床的需要，我们只灌注气管和支气管动脉，制作出气管和支气管动脉的肺脏铸型标本。只将肺动脉、肺静脉和气管灌注，制作出体现小循环的肺动脉和肺静脉的肺脏铸型标本；将气管、支气管、支气管动脉、肺动脉和肺静脉四套管道一起灌注，制作出气管、支气管、支气管动脉、肺动脉和肺静脉的肺脏铸型标本，只灌注气管、支气管，显示气管树的肺脏铸型标本。

（2）腐蚀。将定型的灌注好的肺脏放入玻璃缸或塑料盆中，加入盐酸，并将被腐蚀肺的体位调整好，以保证腐蚀后的标本保持原有解剖形态。

（3）冲洗。将腐蚀好的标本放在自来水下轻轻冲洗，使其中的腐物被冲洗掉，只剩下凝固定型的铸型剂。冲洗后将标本放在肥皂粉水中浸泡 12~48 小时，再用清水冲洗干净。

（4）修整。为了使制作出的标本保持原形，在冲洗后要适当修整。剪去铸型剂结块。在冲洗中如发现断支要捡起，并找到来源，依解剖关系进行粘接，粘接时用同色铸型剂液滴在两断端，浸入水中数秒后便可粘接在一起。最后将标本装入玻璃缸中，加入 5%~10%的甲醛液，封好盖贴上标签。

(二)观察

从制作的标本可以看出，肺的四套管道之间有着密切的解剖关系。它的支气管动脉来自于支气管食管动脉的分支，在气管的分叉处分为两支，随气管的分支进入两肺并随支气管的分支而呈树状分布。肺干起于右心室，在左右心室之间向上向后并偏向内侧，行往主动脉的右侧分为左右肺动脉进入两肺并逐级呈树枝状分支，最后变为毛细血管网。右肺动脉较粗，分出一支至右肺的尖叶。肺静脉由肺内的毛细血管逐级汇集而成，共有 6~14 条，最后共同进入左心房。气管先在其分叉之前分出支气管到达肺的前叶，在肺门处气管分为两条主支气管进入左右两肺并呈树状逐级分支，最后变为无数个肺泡，从而形成了完整的气管树。

(三)讨论

1. 肺支气管动脉是肺脏的营养性动脉血管，且非常细小。这是因为肺脏受到两套血管的血液供应，一套是支气管动脉，只供应支气管部分，而肺的绝大部分的血液供应靠肺的动静脉。我们在购买的 30 具羊肺脏上寻找肺的支气管静脉均未找到。这与国内外文献的记载是一致的。被支气管动脉供应血液的肺组织在肺内完成营养代谢后，静脉血又是怎样回流的，有待进一步研究。

2. 支气管动脉在气管分叉处分为两支进入左右两肺，并伴随支气管的分支而分支，不进入肺的前叶。我们制作标本中没有观察到前叶的供血动脉。它的营养性动脉来自何处也待研究。

3. 我们将四套管道放在一起灌注时，发现这样制作的标本存在以下问题：外观不好看；一起灌注引起肺内压力太大，造成灌注不良，甚至结块；铸型剂重叠严重，以致四套管道的结构关系在这样的标本上很难分辨，所以一般不要超过两套管道一起灌注，以方便观察研究。

4. 由于灌注在血管内的铸型剂液处于较封闭的状态，由液状到泥状再到固状需要较长的时间。所以在铸型剂完全凝固之前，如果腐蚀缸过小，再加上盐酸具有浮力，肺不完全下沉，造成挤压，容易变形。一旦变形，就失去肺原有的形态，所以腐蚀缸必须要足够大。浸入盐酸中的肺一定摆放好。最好是铸型剂完全凝固后再进行腐蚀。

五、马、猪、羊肝脏血管铸型标本的制作与观察

(一)引言

肝脏是动物体内最大的腺体，肝脏分泌胆汁，胆汁具有促进脂肪、脂肪酸和脂溶性维生素的消化吸收。肝脏又是动物体内的细化工厂，胃肠吸收的营养物质通过门静脉进入肝，经肝脏的一系列复杂代谢后，营养物质被分解为可吸收成分后才能为动物体利用。肝储存类脂、维生素 A、维生素 B、糖原、合成纤维蛋白、白蛋白、凝血酶系。肝有很强的解毒功能，吞噬异物颗粒，可以脂溶药物，结合毒物，有毒物质能被肝细胞分解转化为无毒或毒性较小的物质。肝脏也能储血，其血量约占体内血液的20%。胎儿的肝脏还能造血。为了教学、科研、动物医学临床的需要，我们制作出了马、猪、羊肝脏血管铸型标本，并进行了观察研究。

（二）马、猪、羊肝脏血管铸型标本的制作

1. 肝脏的选择与采摘。选择刚宰杀健康马、猪、羊的肝脏。无损伤完整的肝脏是成功制作肝脏血管铸型标本的前提。要完整无损伤的摘取肝脏，就必须充分了解肝脏的解剖和肝脏与周围组织器官的连接关系，肝脏能保持一定的位置，主要靠周围脏器的压力和膈的密接以及韧带的连系等。

马的肝脏韧带有以下六条。

冠状韧带：将肝紧密附着于膈的腹腔面。其中包括两个坚强板状带。右侧板连接后腔静脉窝的右侧；左侧板起自后腔静脉窝的左侧，向背外侧走，到食管切迹的左缘，接肝的左侧韧带。此部分出一中间褶，延伸到食管切迹，接小网膜。左、右板在腔静脉下方相互连接，形成下一个韧带。

镰状韧带：为一半月状褶，连接肝中叶与膈的剑状软骨部之间，向下可达腹腔底壁。

圆韧带：为一纤维带，位于镰状韧带的凹入缘内，自脐裂起，到脐止，为脐静脉的遗迹。

右侧韧带：位于肝右叶背缘与膈的肋骨部之间。

左侧韧带：为一三角形的皱褶，位于左叶的背缘与膈的中央腱质部之间。

肝肾韧带：连接尾状突与右肾、盲肠底之间。

小网膜和十二指肠起始部系膜，为腹膜之一部。自肝的内脏面、肝门，到食管切迹之间的曲缘起，到胃小弯及十二指肠起始部。肝管位于肝门的下部，由左、右叶的支管集合而成。长约 5 cm，宽 1~1.5 cm，经十二指肠系膜二层之间，与胰管伴行，穿通十二指肠壁，开口于十二指肠隙室。门静脉和肝动脉伴行自肝门入肝，肝静脉入后腔静脉，后腔静脉入口在肝与膈的交界角内。在摘取肝脏时小心地断离各个韧带，留足门静脉、肝动脉、胆管、后腔静脉。

猪、羊肝脏的摘取，也必须在充分了解肝脏解剖和周围组织器官连接关系的条件下，和摘取马的肝脏一样完整无损伤的摘取。

2. 灌注材料的配制。分别称取 ABS 树酯 75 g 和 100 g 加入 500 ml 的丙酮溶液内，置入 35℃~40℃恒温箱内24~48 小时，搅拌、摇匀充分溶解后，配制成每 100 ml 丙酮溶液中分别含 ABS 树酯 15 g 和 20 g 的两种铸型剂液。配制灌注肝动脉的铸型剂，向两种铸型剂液中分别加入红色油画颜料，充分摇匀，达到需求颜色。两种铸型剂液配色要一致。同法灌注门静脉铸型剂配制成翠绿色。灌注胆道的铸型剂配制成黄色。灌注肝静脉的铸型剂配制成酞青蓝色。为了增加成型后的韧性，铸型剂液中加入邻苯二甲酸二丁酯 5~8 ml，增加铸型的可塑性。

3. 灌注器材。灌注用 20~50 ml 的塑料注射器若干具，18~20 号家畜用静脉注射针头（为了不损伤管道提前将针头磨钝）或型号大小不等的乳导管、止血钳、镊子、剪子、手术刀、缝针、缝线、棉花、纱布等。

4. 肝脏冲洗。铸型剂遇水凝结，为了防止灌注中凝固结块堵塞，灌注前需用丙酮液对肝脏进行冲洗，冲洗依次是肝动脉、门静脉、肝管。

(三)灌注

肝脏具有四套管道，即肝动脉、胆管、门静脉、肝静脉，均需灌注。

1. 马肝脏的灌注。

(1)肝动脉的灌注。在肝门处仔细寻找到肝动脉，用 18 号针头小心地插入肝动脉内，以结扎线扎紧，用 20 ml 的注射器吸取每 100 ml 含 15 g ABS 树酯的红色铸型剂进行灌注，灌注时推动用力不宜过大，防止撑破肝动脉。如果血管被撑破，及时用止血钳夹住破口。灌注后放入水中，促进凝结。然后用每 100 ml 含 20 g ABS 树酯红色铸型剂补注。

(2)门静脉的灌注。门静脉是粗大的脉管，并依肝叶的分支相应又分成数支。灌注时向门静脉内插入粗乳导管，扎紧，用 50ml 塑料注射器先吸取翠绿的每 100 ml 丙酮液中含 15 g ABS 树酯铸型剂灌注。看到铸型剂达到肝的边缘为度，放入水中凝结。尔后再用同液补注。假如肝脏破裂有铸型剂流出时，要用纱布压迫止液。

(3)肝静脉的灌注。灌注有两种方法，一种是后腔静脉一次性灌注，肝静脉一端用止血钳夹住，另一端用大的乳导管由后腔静脉插入，用 50 ml 的注射器抽取酞青蓝色铸型剂进行肝静脉的灌注；另外一种方法是依每叶肝的静脉汇入后腔静脉的特点，分别对每叶肝静脉进行灌注，每叶肝静脉灌注后，最后再塑型后腔静脉。先制作与后腔静脉相同直径和长度的同色铸型剂棒置入后腔静脉，用止血钳夹住一端，由另一端灌注同色的铸型剂液，使其和其他铸型后腔静脉的分支成为整体。

(4)肝胆管的灌注。用手指挤压胆囊，使胆汁流出，借此在肝门处找到胆总管，将乳导管插入胆总管，用缝线将其扎紧，将胆汁抽净，再用止血钳夹注胆囊胆管，然后用注射器先抽取每 100 ml 丙酮液中含 15 g ABS 树酯的黄色铸型剂液灌注，观察黄色塑校液进入到肝边缘为度。放入水中使塑胶凝固后，再用每 100 ml 丙酮液中含 20 g ABS 树酯的同色铸型剂液进行补注。四套管道的灌注，每次灌注完后都立即放入水中，促使铸型剂液凝固。

除了马没有胆囊，但马、猪、羊肝脏灌注方法基本相同，在此不再赘述。胆囊可以直接在胆囊处用一针头插入胆囊注入铸型剂液，也可另外制作胆囊，待标本完成后再与胆囊胆管粘接。

2. 腐蚀。用剪子剪去残存在肝壁上的膈肌、胰脏、韧带等组织，取掉外部的凝块，放入大的标本缸内，脏面向上，壁面向下，勿使肝脏挤压变形。倒入盐酸尽量使肝脏完全侵泡在内，盖上缸盖，用胶布将缸口封严，放入35℃~40℃的恒温箱内腐蚀，持续两周。

3. 冲洗。取出腐蚀好的肝脏进行冲洗。取出时为防止破损，抓住粗大的后腔静脉和门静脉，小心取出。冲洗时放在自来水龙头下冲洗。也可抽出适量盐酸后，原容器内冲洗。根据需要调节水压、水量，下水要求通畅，注意堵塞，边冲洗边让水流出。连续冲洗1~2天，直至肝脏内将被腐蚀组织冲净为止。如仍有不易冲洗掉的腐物，可再放入盐酸腐蚀，待充分腐蚀后，再冲洗干净。

4. 修整。观察冲洗好的肝脏有无缺损，摘除凝块。如有血管断裂、胆囊脱落，要用相同颜色的铸型剂液粘连保持完整的原型。然后将修整好的肝脏铸型标本放入盛有5%甲醛溶液中，加封，粘贴标签，以待观察。

（四）观察

1. 马肝脏铸型标本的观察。马肝脏外观近似不规则的方形，由后腔静脉把肝分成左右两部分，左边以切迹为界分为上方较大的左外叶，下方较小的左内叶。右边又分为外侧右叶，内侧方叶，方叶在外形上不太明显，又分为方叶和尾叶。

肝动脉。来自腹腔动脉的肝动脉，自肝门进入，在肝门处分出进入肝的右叶、左叶、方叶等同名的肝动脉。肝动脉进入各叶肝脏后，呈树枝状逐级分叉分支，每个分支分叉再逐级进行分支，分支越来越细小，最末的细毛样分支血管，其向周围又分出了更细短的微细血管，微细血管以很短的秃桩样终止。用放大镜观察每个最末纤细秃桩样微小血管周围，向周围又发出更细小的短支。

门静脉。来自于胃、腹、脾等处粗大的门静脉，自肝门进入肝脏与肝动脉并行，并随肝动脉的分支像树枝分叉一样逐级进行分支，在最细小的最末细毛样分支，向其周围发出的短的更细的秃桩样分支终止。门静脉比肝动脉粗大得多，同一级别的分支比肝动脉粗大，而且其分支比肝动脉更密集，尤其最初级微小静脉密集用肉眼看就像密布的绒毛。

肝静脉。用电源解剖显微镜观察，最末端极微小绒毛样短静脉呈小秃桩样。翠绿色小秃桩样最细小微静脉由两个、三个或四个不等，汇入到微小静脉管，几支这种微小静脉管又汇入小静脉管，并以反向像树枝分叉一样越汇越粗，最后汇成较大的静脉管，向上汇成一个静脉主干进入后腔静脉。

胆管。胆管近似于肝动脉、门静脉的反向方式逐级汇合成胆总管。从整个肝脏的观察每叶肝的肝动脉、门静脉、肝管、肝静脉都极像一棵树，肝动脉、门静脉和胆管是伴行的，肝静脉与门静脉、肝动脉不伴行。马无胆囊，看不到胆囊铸型。马肝脏铸型标本脏面和壁面图见附图17。

2. 猪肝脏血管胆囊铸型标本的观察。猪肝脏铸型标本外观上由三大叶组成，分别为左外叶、中叶（含右前叶和中段）和右后叶。尾状叶位于肝门静脉和腔静脉之间，与左叶界限不明显，胆囊位于右后叶内侧。左外叶最大，左外叶内侧有不发达的中叶。右后叶内侧有不发达的方叶，方叶呈楔状。胆囊位于肝内叶与方叶之间，呈长梨状。肝动脉、门静脉经肝门进入，各叶胆管经肝门通过胆总管入十二指肠。来自腹腔动脉的肝动脉自肝门进入按肝的分叶进行分支并进入肝脏。门静脉和肝动脉伴随进入肝脏，均像树枝分杈一样分出许多分支，每个分支再逐级进行分支，门静脉汇集了胃、肠、胰和脾等脏器的血液，肝门进肝内在小叶间分支成许多小叶间静脉，小叶间静脉不断分出短小的终支，进入肝小叶将血液注入窦状隙内的毛细血管。窦状隙的毛细血管从小叶周边向中央汇合形成中央静脉后，由中央静脉汇合成小叶静脉最后汇集形成数支肝静脉（如后腔静脉）。与马的分支近似。只是分支更细小更短。胆道反向与肝动脉、门静脉分支分布伴行，各叶肝胆管于肝门汇合为胆总管，胆总管离开肝门于分出一胆囊胆管后通入十二指肠，胆囊胆管通于胆囊。肝静脉的形式与马的一样，肝静脉及其分支不与门静脉、肝动脉伴行。猪肝脏胆囊铸型标本脏面和壁面图见附图15、附图16。

3. 羊肝脏铸型的观察。羊肝主要分为左右两叶，近似一个斜的四边形。右叶肝斜向右下分出右外叶，在右外叶右侧缘上有个窝是右肾的压迹，制作出的肝脏血管铸型标本，肝动脉很细，而肝静脉粗大，与肝动脉极不成比例。来自腹主动脉的肝动脉经肝门进入，向右外叶分出右外叶肝动脉，在肝门附近又分出右叶肝动脉，向右叶延伸，在延伸中分出右叶次主动脉。向上分出数支小动脉支向左叶伸延。在左叶进入处分出四支动脉，我们依次命名为第1、第2、第3、第4左叶肝动脉。向右外叶、右叶、左叶由肝动脉分出这些动脉均像树枝分杈一样，逐级分支分布。以第1左叶肝动脉为例：该动脉开始沿着左叶肝与右叶交接的边缘延伸，并在延伸的2~3 cm的动脉段内分出了小支进入肝右叶动脉支，和2~3支左叶的动脉2~3 cm处分出四支动脉支。一支进入肝右叶并分支分布，其余三支在肝左叶分支分布，第1左叶肝动脉及以下的分支均沿小叶间内结梯组织逐级分支分布，故均称为小叶间动脉。大多小叶间动脉都像松树主干一样由分支处伸延到肝的边缘。在伸延中又分杈出多支小叶间动脉，分支小叶间动脉像树枝分杈一样逐级分出更细的小叶间动脉，最终末的小叶间动脉向周围发出小纤细短秃支，在电镜下像周身长满小毛刺的小枝条。门静脉、胆管、肝静脉分支分布与马相似。羊肝脏胆囊铸型标本脏面和壁面见附图12、附图13。

(五)讨论

1. 肝是动物体内细化工厂，功能复杂，从铸型标本看肝动脉细小，似乎与肝如此复杂的功能不相适应。这是因为粗大的门静脉是肝的营养主源之一。而门静脉来自于胃、肠、脾的静脉血，不仅吸收了消化道的营养，也进入了有害的代谢产物，必须经肝小叶内细胞的加工方能为肝和动物体利用。当肝发生肝硬化等病变，使肝加工利用营养的机能减弱或完全丧失。而肝的营养很大一部分靠来自门静脉的营养，这部分营养必须经肝细胞复杂的生化过程才能利用。肝自身加工能力减弱或丧失，仅靠细小的肝动脉很难满足需要，导致营养的减少，这必然影响肝恢复能力，也许这是肝硬化等疾病难于治愈恢复的原因。

2. 教科书记载，肝动脉和门静脉进入肝脏后，在肝反复分支，成为小叶间动脉和小叶间静脉。两者连通于肝小叶内的肝血窦，肝血窦是位于肝板之间，相互吻合的网状管道。从铸型标本观察，肝动脉和门静脉是逐级反复的树枝状分支。教科书在命名上只是肝动脉、小叶间动脉、肝血窦与门静脉、小叶间静脉，通过肝血窦转为静脉血进入中央静脉。肝脏铸型标本只能观察到肝动脉、小叶间动脉、门静脉、小叶间静脉。肝血窦、中央静脉属微循环，并因其失去周围组织很难确定，再加之管径太细小，很难制作出来。

3. 从铸型标本观察，马、猪、羊肝脏的形态虽不同，但肝动脉、门静脉、胆管、静脉的构型基本相似。在肝内均呈树枝状分支分布，胆管向肝门集成胆总管。每叶肝静脉汇入后腔静脉。肝动脉、门静脉、胆管伴行，而均不与肝静脉伴行。

4. 铸型剂液遇水会凝固，在灌注肝动脉时，肝动脉内有血液易发生凝固堵塞血管，灌注前先用丙酮进行冲洗，在灌注胆管时应先将胆管中的胆汁排除，同时也需要用丙酮冲洗，再进行灌注胆管，以防堵塞管道。

5. 我们在四套管道同时灌注的铸型标本中，可以看出四套管道非常密集，不能清楚地观察四套管道之间的关系。四套管道同时灌注时，由于肝内压很大，灌注出的血管不匀称，一个叶稠密，另一个叶比较稀疏。为了便于观察，可以仅两套管道灌注，以便观察。

6. 肝脏灌注后必须完全硬固后再浸入盐酸中腐蚀，否则肝面积大浮力大，易变形。

六、牛、驴、猪肾脏血管铸型标本的制作与观察

肾是动物体非常重要的器官之一。肾具有排泄代谢产物，通过改变尿量，维持机体内液体的平衡；通过重吸收和排出一些电解质，以维持血浆离子、渗透压和酸碱度的平衡；肾还有内分泌功能，产生多种具有生物活性物质（如肾素、前列腺素和促红细胞生成因子等），对身体某些生理功能起调节作用。所以，肾对保持畜体内环境的相对恒定起着重要作用。肾脏的这些重要功能与它的解剖组织结构和生理功能密切相关。制作良好的牛、驴、猪肾脏血管铸型标本，可以为教学、科研和动物医学临床提供直观的形态学依据。

（一）制作

1. 选材与取材。健康、无损伤而完整的肾脏是制作出优良肾脏血管铸型标本的首要条件。为此，用于制作标本的牛肾、驴肾和猪肾，要选取刚宰杀的健康的新鲜肾脏。要求肾脏完整，无破损。因为健康新鲜无损伤的肾脏组织柔软，富有弹性，血管和输尿管韧性较强，灌注不易破裂，制作标本成功率高。

为保证无损伤完整地摘取肾脏就必须充分了解肾脏与周围组织器官的关系以及肾脏的局部解剖。

肾为一对红褐色的实质性内脏器官，位于腰区、在腹主动脉和后腔静脉的两侧。肾的表面有一层致密结缔组织构成的纤维囊，正常情况下此膜容易剥离，在某些肾疾病时，可与肾实质粘连而不易剥离。纤维囊外周还包有脂肪囊，营养良好的个体脂肪囊很发达。肾的外侧缘凸，内侧缘中部凹陷，称为肾门，有肾动脉、肾静脉、淋巴管、神经和输尿管出入。肾门向内有一空隙，称为肾窦。窦内有肾盂、肾盏、肾动脉、肾静脉及其分支，在这些结构之间，填充着疏松结缔组织和脂肪组织。

牛肾为表面有沟的多乳头肾，分叶明显，表面有深的叶间沟。其右肾呈上、下面稍扁的椭圆形，位于右侧最后肋骨椎骨端和前2~3个腰椎横突的腹面。背侧面稍凸，与腰下肌接触；腹侧面平，与胰、十二指肠及结肠等接触。外侧缘凸，内侧缘平直，与后腔静脉平行。前端伸入肝尾状叶的肾压迹中，并与右肾上腺接触。肾门位于腹侧面前部、近内侧缘处。左肾呈三棱形，一般位于第2(3)~4(5)腰椎横突的腹侧、在瘤胃和结肠旋袢之间，其位置常随瘤胃充满程度而左右移动。当瘤胃充满时，左肾可越过中线至腹腔右侧；空虚时，则又回到中线左侧。左肾有三个面：背侧面凸，与腹腔顶壁接触，其前外侧有肾门；腹侧面与肠接触；瘤胃面平直，与瘤胃接触。

驴肾为表面平滑的单乳头肾，各肾叶完全连合在一起，表面无间叶沟。驴的右肾稍大，呈钝角三角形，位于右侧最后2~3个肋骨椎骨端及第1腰椎横突的腹侧。背侧面稍凸，与膈和腰肌接触；腹侧面稍凹，与胰及盲肠底相接触。前端和外侧缘的前半部突入肝的肾压迹中；后端和外侧缘的后半部与十二指肠相临。内侧缘与右肾上腺、后腔静脉及右侧输尿管相接触，肾门位于内侧缘中部。左肾较长，呈豆形，位置偏后，在左侧最后肋骨椎骨端及前2或3个腰椎横突的腹侧。背侧面稍凸，与腰肌及膈相接触；腹侧面亦凸，与十二指肠末端、降结肠起始部以及胰相接触。外侧缘与脾的基部接触；内侧缘与左肾上腺、腹主动脉以及左侧输尿管相接触。

猪肾的解剖与驴肾大致相似。

在摘取肾脏时要在紧靠腹主动脉和下腔静脉处切断肾血管，随后切断输尿管。由于肾内的肾盂、肾盏、肾动脉、肾静脉及其分支在这些结构之间，填充着疏松结缔组织和脂肪组织。所以摘取肾脏时也要连同结缔组织和脂肪囊一起取出肾脏。并且使肾动脉血管、静脉血管及输尿管尽量留长，以便于灌注。

2. 填充剂的配制与灌注用器材。称取 75 g 和 100 g ABS 树脂颗粒，分别加入到 500 ml 的丙酮中，放入恒温箱中，在 37℃ 的条件下保温 24 小时，应用时，从恒温箱中拿出摇匀并加入不同色泽的油画颜料（红色、蓝色），配成各种颜色塑铸型剂液，红色的用于灌注肾动脉，蓝色的用于灌注肾静脉，不加颜料乳白原色的用于灌注输尿管。

灌注用 20 ml、30 ml 和 50 ml 的塑料注射器，不同型号的乳导管，16 号、18 号兽用静脉针头（磨去针尖），粗的缝合线、缝针、手术刀、止血钳、剪刀、棉花及纱布等。

3. 灌注方法。因牛、驴、猪肾脏的血管与输尿管解剖基本相同，灌注方法也大致基本相同。

（1）用丙酮液冲洗。首先用丙酮液通过肾动脉冲洗肾脏，并冲洗输尿管。这是因为铸型剂液遇水会发生凝固，在灌注时易造成血管、输尿管的阻塞。因此在灌注前用丙酮液冲洗肾脏可以防止铸型剂液凝固，使管道畅通，便于灌注。

（2）牛、驴、猪肾静脉的灌注。在完整无损伤的新鲜的牛、驴、猪肾脏，找到肾静脉，用乳导管或用 18 号针头（磨去针尖）小心插入，使针头插入肾静脉中，然后用缝线扎紧，并打成活结，再用止血钳钳夹固定针头，以防其滑动或穿透血管壁。先吸取适量的丙酮注入，再吸取每 100 ml 丙酮中含 15 g ABS 树脂的蓝色铸型剂液缓缓注入，注入一定量时，再换用每 100 ml 丙酮中含 20 g ABS 树脂的蓝色铸型剂液补注，注入量以不能再注入为度，然后放入水中，促使其凝固，凝固后再用每 100 ml 丙酮中含 20 g ABS 树脂的蓝色铸型剂液补注，使其灌注更加充分。最后拔出针头，立即扎紧缝线，将肾放入水中。

（3）牛、驴、猪肾动脉的灌注。找到肾动脉，小心地将乳导管或针头插入动脉血管中，然后用缝线结扎，并打成活结，再用止血钳钳夹固定针头，以防其滑动或穿透血管壁。先吸取适量的丙酮注入，再吸取每 100 ml 丙酮中含 15 g ABS 树脂的红色铸型剂液缓缓注入，注入一定量时，再换用每 100 ml 丙酮中含 20 g ABS 树脂的红色铸型剂液补注，灌注量以不能再注入为度，最后拔出针头，立即扎紧缝线将肾放入水中。

（4）牛、驴、猪肾输尿管的灌注。用乳导管或用 18 号针头（磨去针尖）小心插入输尿管中，然后用缝线扎紧，并打成活结，再用止血钳钳夹固定针头，以防其滑动或穿透输尿管。先吸取适量的丙酮注入，再吸取每 100 ml 丙酮中含 15 g ABS 树脂的乳白原色铸型剂液缓缓注入，注入一定量时，再换用每 100 ml 丙酮中含 20 g ABS 树脂的乳白原色铸型剂液灌注，注入量以不能再注入为度，最后拔出针头，立即扎紧缝线，将肾放入水中。

4. 腐蚀。为防止肾脏变形，保证肾脏原有的形态，将灌注好的肾脏放入水中 6~12 小时，使管道内的铸型剂液充分凝固，然后将定型的灌注牛肾、驴肾、猪肾分别放入玻璃缸或塑料盆中，加入盐酸，并将被腐蚀肾脏的体位调整好，防止挤压，以保证腐蚀后的标本保持原有的解剖形态。腐蚀时间根据盐酸的浓度和温度而定，一般在 40℃的恒温箱内 10~14 天，20℃的常温下，需 30 天左右，一定要将肾组织完全腐蚀掉。

5. 冲洗。将腐蚀好的标本放在水盆，让自来水轻轻冲洗，一般冲洗 1~2 天，使其中的腐蚀物被完全冲洗掉，只剩下被铸型剂填充定型的肾动脉、肾静脉和输尿管，冲洗后将标本放在肥皂粉水中浸泡 12~48 小时，再用清水冲洗干净。冲洗必须彻底，如果肾脏中还有不易冲洗掉的残留组织，说明腐蚀不够彻底，需要再次放入盐酸中腐蚀后再冲洗，直到冲洗干净。

6. 修整。为了使制作出的标本保持原形，在冲洗后要适当修整，剪去灌注端铸型剂的多余结块，在冲洗中如发现断支要捡起，并找到来源，依解剖关系进行粘接，粘接时用同色铸型剂液滴在两断端，立即将两者密接在一起，浸入水中数秒钟后便可粘接在一起，最后将标本装入标本缸中，加入浓度为5%~10%的甲醛液后，封好盖，贴上标签，保存。

(二)观察

1. 牛肾脏的观察。

(1)肾动脉的观察。用肉眼观察，牛的肾动脉从腹主动脉分出，与肾静脉、输尿管并行，经肾门进入肾。进入肾后，即如树枝分杈一样逐级在肾叶之间分杈分枝伸延，最初称为肾叶间动脉。叶间动脉位于肾盂的周围，好像篮子样把肾盂包围起来。肾叶间动脉折入皮质和髓质之间形成弓状动脉。由弓状动脉发出小叶间动脉，在小叶之间向皮质伸延。再用4×10倍的解剖镜观察，最终只能观察到小叶间动脉最末发出多个秃桩端。

(2)肾静脉的观察。肉眼观察肾静脉在肾门内位于肾动脉与输尿管之间。通过4×10倍的解剖镜观察，肾脏皮质部有很多个互相平行直立的小叶间静脉向肾内延伸到髓质部，与髓质毛细血管网所形成的髓质小静脉汇集形成弓状静脉，弓状静脉再继续向内延伸汇合形成叶间静脉，最后由叶间静脉汇合形成肾静脉。静脉与动脉伴行，由肾门出肾。

通过4×10倍的解剖镜观察，牛肾内静脉无一定的节段性，而且存在有广泛的吻合支，各肾段之间有丰富的吻合。肾内静脉间的吻合有两种比较规则的形式：一种是吻合支围绕着小盏；另一种是前一种吻合支的延续，围绕在肾乳头的四周。吻合支的大小和多少，与肾外形、肾盏及肾乳头的大小是一致的。

(3)输尿管的观察。肉眼观察牛肾脏的输尿管起自于肾大盏。通过4×10倍的解剖镜观察，自肾的肾盂起有很多条是大致相互平行且直立的管道。根据其解剖结构确定为集合管，由集合管向皮质部延伸可以发现从集合管发出许多不规则的分支，并且其分支又有许多秃桩状的断端，其结构可能是远曲小管。

2. 驴肾脏的观察。

(1)肾动脉的观察。肉眼观察驴的肾动脉一般在肾门附近分为初级干，多数为2支，即前支和后支。前支较粗，供应区较大，一般发出上前、下前和下段动脉及上段动脉，分布于上段、上前段、下前段和下段；后支较细，供应区小，后支多为肾动脉的延续，形成后段动脉，有时也发出至上段的分支，主要分布于后段。但是有的驴肾也有 3~4 支不经过肾门的肾副动脉，它们通常起自于肾动脉或直接起自于腹主动脉，并通过肾脂肪囊、被膜直接进入肾脏。这些分支在髓质内分出大约 50 条的叶间动脉，叶间动脉位于肾盂的周围，形似篮子将肾盂包围在里面。叶间动脉在肾锥体之间走向皮质，在皮质与髓质的交界处，其分支形成弓状动脉（见附图 19）。

通过 4×10 倍的解剖镜观察，弓状动脉分出小叶间动脉。小叶间动脉再分出输入小动脉，通过观察输入小动脉上有许多小秃桩端，有的像花团状，有的像弯曲的细叶，有的像树枝状。根据其结构关系推测可能为输出小动脉，也可能是一些输入小静脉的断端。

驴肾动脉在肾内的分支可分为两型：即分散型和主干型。肾的前半部主要是分散型，后半部是主干型。肾动脉在肾内的分布呈节段性，不论初级干的分支形式如何，绝大多数分为 5 支肾段动脉，因此，每支肾段动脉分布到一定区域的肾实质，称为肾段。为了便于观察研究，将每个肾一般分为五个肾段，即上段、上前段、下前段、下段和后段。

上段：动脉分布，呈帽状区域，占据上端的内侧部，肾前、后面的内上部。上段动脉经常由前支发出，其起源变异较多。

上前段：动脉分布于肾的前面，其中包括肾上端的外侧和肾中部的一部分。上前端动脉多为 1 支，发自前支，自上前段底部进入。上前段动脉在上前段内经常发上、下 2 个分支，上支绝大多数越过上大盏的上 1/3；下支则斜经上大盏的中 1/3 或下 1/3，分布于肾上部前面及后（驴左肾铸型血管图）面近外缘的小部分。

下前段：由下前段动脉分布，位于肾前面的下中部，为上前段和下段之间的区域。下前段动脉多为 1 支，起自前支，有时与上前段或下段动脉共干，主干相当恒定的斜过肾盂前面。他在下前段内分出上、下和后三个三级支，分布于肾中部前面及后面的近外侧缘的小部分。

下段：由下段动脉分布，位于肾的下端，肾前、后面的下部。下段动脉多为 1 支，其起点变异较多。

后段：由后段动脉分布，位于肾后面上段与下段的区域。后段动脉多分为 1 支，常为后支的延续，由肾门的上唇下方之间入肾窦，经肾盂后上方，越上盏与肾盂交界处成弓状延后唇深面下行，在弓的外侧发出 2~8 个分支，进入后段的肾实质。后段动脉在肾门上唇下附近可发出上段动脉，分布于肾上端。

据研究资料表明，上前段、下前段与后段的外侧分界线（乏血管带），不在外侧缘上，而多稍偏于后面，因此在实行肾部分切除时应该注意。

(2)肾静脉的观察。用肉眼直接观察驴的肾静脉，在肾门内位于肾动脉与输尿管之间。通过 4×10 倍的解剖镜观察，只能观察到驴肾脏皮质部有许多个互相平行直立的小叶间静脉向肾内延伸到髓质部与髓质毛细血管网所形成的髓质小静脉汇集形成弓状静脉，弓状静脉再继续向内延伸汇合形成叶间静脉，最后由叶间静脉汇合形成肾静脉。静脉与动脉伴行，由肾门出肾。

（3）输尿管的观察。眼观驴的输尿管起自于肾盂。通过4×10倍的解剖镜观察，自驴肾的肾盂起有很多条是大致相互平行且直立的管道，根据其解剖结构确定为集合管，由集合管向皮质部延伸可以发现从集合管发出许多不规则的分支，并且其分支又有许多秃桩状的断端。

(三)体会

1. 观察肾脏血管铸型标本，肾脏的血管非常丰富。肾的主要功能是以形成尿的方式排出代谢产物。肾排出血量是心排出血量的22%，在很短的时间把动物体内的血液过滤完，这样肾才能完成动物体排出废物的功能。因此，如此丰富发达的血管是与其功能相一致的。

2. 观察肾动脉，小叶间动脉以下的微小动脉基本上是平行的，互不吻合。集合管也是相互平行，互不吻合的，并且集合管和肾单位共同完成肾的泌尿功能。尽管进入肾脏的血液可达22%，但是进入肾单位肾小体的动脉血管仅有一条。肾脏的动脉血管和静脉血管构成了肾脏复杂的血液循环系统。所以肾单位一旦发生病变，恢复非常困难。这也许是肾功能衰竭等肾脏疾病难以治疗恢复的重要原因。

3. 从制作铸型标本看，发现这样制作的标本存在以下问题：①由于一起灌注时肾脏内的压力太大，致使一些细小血管破裂，造成结块；还有灌注时的压力不够，造成管道灌注不充分，致使肾脏皮质部的小静脉、小动脉、输尿管以及微毛细血管在腐蚀时被全部腐蚀掉，而不能观察到更细微的结构。这就要求在配制铸型剂液时要达到浓度适中。②由于塑胶重叠严重以致三套管道的结构关系在这样的标本中往往很难分辨，所以用以观察每一管道系统的构筑时，不要超过两套管道一起灌注，以便观察研究。③灌注时不要灌注的太密，灌注太密会影响肾脏的观察。④由于灌注在血管内的铸型剂液处于较封闭的状态，由液状到泥状再到固状需要较长时间，所以在铸型剂液完全凝固之前，如果腐蚀缸过小，再加上盐酸具有浮力，肾脏不完全下沉，造成挤压，容易变形，一旦变形，就失去肾脏的原有形态，所以腐蚀缸必须要足够大，浸入盐酸中的肾脏一定要摆放好，铸型剂完全凝固后再进行腐蚀。

4. 经过详细观察，肾段动脉的分支在肾内吻合不充分，当一支血管发生血流障碍时，它供应的肾实质便有可能会发生缺血性坏死。各肾段之间缺少血液供应的区域称为乏血管带，经过此处实行部分肾切除，出血较少。因此在肾动脉铸型标本设计上，可以用塑料纸片嵌夹于乏血管带，分隔各肾段，为临床手术切口途径指示标记。另外，也可分肾段进行分色灌注和分色喷涂，以重点显示肾段。所以肾段的显示，在临床上对肾血管造影和肾部分切除术具有实用意义。

七、马、牛、羊脾脏血管铸型标本的制作与观察

脾脏是体内最大的淋巴器官，除产生抗体参与免疫活动外，还具有造血、破坏衰老血细胞、储存铁质、过滤血液、储存血液和调节血量、清除血内异物等功能。制作良好的马、牛、羊脾脏血管铸型标本，可以为教学、科研、动物医学临床提供直观的形态学依据。

(一)马、牛、羊脾脏血管铸型标本的制作

1. 材料。

(1)脾脏的选择和采摘。制作血管铸型标本必须选用刚宰杀的健康马、牛、羊的脾脏，而且要求摘除下来的脾脏必须完整、无损伤，因此必须要充分了解马、牛、羊脾脏的局部解剖和周围组织的连接关系。

①马脾脏呈扁平的镰刀状，质柔软，表面蓝紫色，断面呈紫褐色。位于左季肋区，借膈脾、肾脾、胃脾韧带分别与膈、左肾、胃大弯相连。脾的前缘锐而凹，后缘凸而钝；壁面（膈面）与膈接触，脾的脏面有一沟叫脾门，为血管和神经的出入部。脏面（内侧面）由脾门分为前后两部。前部（胃面）较狭窄，和胃的大弯相连；后部(肠面)与大结肠、降结肠、小肠以及网膜等接触。脾的背侧端宽为脾头，位于最后2~3肋骨椎骨端和第1腰椎横突的下方；脾的腹侧端狭小为脾尾，斜向前下方达第9~11肋间隙中点。脾的位置不固定，常随着胃的容积的大、小和脾的机能状态而改变。

②牛的脾脏呈扁平的长椭圆形，被膜较厚，色则较淡，呈灰蓝色或灰红色，质较软，位于左季肋区，壁面与膈相贴，脏面以疏散结缔组织与瘤胃背囊相连。脾门位于脏面上三分之一近前缘处。脾头位于最后两肋骨椎骨端和第1腰椎横突的下方；脾尾伸达第7~8肋骨胸骨端之上约一掌宽。

③羊脾呈扁钝三角形，色紫红而质软，位于瘤胃左侧，由最后肋骨椎骨端向前下方伸至第十肋间隙中部。壁面凸，与膈相贴；脏面凹，与瘤胃接触，前半部附着于瘤胃。脾门位于脏面前上角处。

采摘牛、马、羊脾脏时，小心分离与脾脏相连的韧带、系膜、血管等。完整地摘取脾脏组织，分离开脾系膜，把连接脾动脉的腹腔动脉和连接脾静脉的门静脉管尽量留长，这样有利于插管灌注铸型剂液。

(2)填充剂的配制。用丙酮作为溶剂，称取ABS树脂100 g和75 g，分别加入500 ml的丙酮中，放在37℃的恒温箱内1~2天，摇匀充分溶解，配置成每100 ml的丙酮中含ABS树脂20 g和15 g的两种铸型剂液若干瓶。向两种铸型剂液中加入油画颜料静脉灌注配成蓝色或绿色，动脉灌注配成玫瑰红或深红色。灌注前每500 ml铸型剂液中再加入5~7 ml邻苯二甲酸二丁酯，增加铸型剂的可塑性和韧性。

(3)灌注器材的准备。灌注用20 ml和50 ml的塑料注射器。16~20号兽用静脉注

射针头，为防止不损伤血管壁，针尖必须磨钝。各种型号的乳导管、止血钳、镊子、剪子、手术刀、缝针、缝线、棉花、纱布等。

2. 方法。

（1）灌注。脾脏的动静脉都穿行于脾门，为了灌注方便可以先灌注脾静脉，然后灌注脾动脉。因马、牛、羊的脾脏血管铸型标本灌注方法基本相同，在此仅介绍马脾脏血管铸型标本的灌注方法。

①脾脏的冲洗。在脾脏的脾门处找到脾动脉，用适宜的静脉针头或乳导管，小心地插入脾动脉内，用结扎线扎紧，用 20 ml 的注射器吸取丙酮溶液，灌注冲洗脾脏。

②脾静脉的灌注。冲洗后在脾门处找到脾静脉，用 20 号静脉针头或适宜的乳导管小心地插入脾静脉内，以结扎线扎紧，用 20 ml 的注射器先吸取每 100 ml 丙酮中含 ABS 树脂 15 g 的蓝色或绿色铸型剂液注入脾静脉中，灌注时不可用力过大，防止脾静脉撑破，灌注完后放入水中凝固，尔后用每 100 ml 丙酮中含 ABS 树脂 20 g 的蓝色或绿色铸型剂液补灌。

③脾动脉的灌注。用 20 ml 的注射器，吸取每 100 ml 丙酮中含 ABS 树脂 15 g 的红色或玫瑰红色铸型剂液注入脾动脉中，灌注时不可用力过大，防止脾动脉撑破，灌注后放入水中浸泡，促使塑胶凝固铸型，尔后用每 100 ml 丙酮中含 ABS 树脂 20 g 的红色或玫瑰红色铸型剂液补灌。

（2）腐蚀。铸型剂液完全凝固后，将脾脏从水中取出，用剪子剪去膈肌、脾系膜等，去掉流到外部的铸型剂凝块。放入标本缸内，向容器内倒入市售工业盐酸进行腐蚀。标本缸要宽大，盐酸量要充分将脾脏浸泡其中，严防挤压，以免制作的脾脏血管铸型标本失去原有的形态。为了缩短腐蚀的时间，最好置入 40℃的恒温箱中。为避免盐酸气体腐蚀，恒温箱必须用胶带封严。在 40℃下一般腐蚀一周即可。

（3）冲洗。脾脏铸型标本腐蚀后，需要充分冲洗，以彻底清除被腐蚀的脾脏组织。冲洗的水压要适当，既要将被腐蚀的组织彻底洗除，又要防止水压过大冲断细小血管。冲洗有两种方法：一种是将水沿标本缸的内壁进水冲洗，不直接冲洗标本；另一种是接一长胶管子于缸底进水。两种方法均是采用不断进水与出水的方式将标本的被腐蚀组织冲洗掉，直至冲洗干净。如冲洗后仍有腐物粘附不易除去，可再置入盐酸中腐蚀，再冲洗使腐物除净。冲洗干净后放入肥皂水中浸泡一天，再冲洗干净。

（4）修整。对洗涤后的铸型标本，一般都要进行修整，这是标本造型是否完整美观，能否保持正常形态、位置的重要环节，也是标本设计的一个后期艺术加工过程。修整的好坏直接影响到管道铸型的质量。最后要观察冲洗好的脾脏铸型有无缺损。如有血管断裂脱落，要用相同颜色的铸型剂液粘连。若粘连的颜色和其他部位深浅度不一，显示人为的痕迹时，可用原色填充剂适当涂抹其表面，力求颜色一致。

（5）保存。将修整的脾脏铸型标本放入盛有 5%甲醛溶液的标本缸中保存，最后加封，粘贴标签，以待观察。

（二）观察

制作出的脾脏血管铸型标本从外观上看和实体的脾脏大体相同：马的脾脏血管铸型标本形状呈扁平的镰刀状；牛的脾脏血管铸型标本呈两端圆形且薄、中央稍厚的长椭圆形；羊的脾脏血管铸型标本呈扁平的钝三角形。

1. 马脾脏铸型标本的观察。

（1）来自腹腔动脉的脾动脉自脾门进入后，其主干沿脾的脏面前缘的纵沟伸延到脾尾尖。脾动脉在延伸中并列发出 30~40 支沿着脾小梁伸入脾脏内的脾支动脉。每条脾支动脉又以主干的形式向脾脏内伸延，在伸延的过程中像树枝分权一样逐级分出许多分支，每个分支又逐级进行分支。脾脏被膜的结缔组织伸入脾内，彼此相连形成网状支架的脾小梁，而伸入脾脏的动脉是循小梁逐级分支，故又称小梁动脉。小梁动脉分支越来越细小，最末的小梁动脉支的周围发出短的纤细的血管支，有的呈短的秃桩。在较大的小梁动脉上也有直接发出像最末的小梁动脉样的纤细动脉支，有的纤细动脉支周围也发出短的微细小的秃桩端（见附图 20）。

（2）用放大镜观察最初级的纤细静脉支，其纤细静脉支周围像长满纤细小短刺的小毛刺棒，有的在游离端还分成权，越在脾边缘这种分权越明显，最初级的绒毛样的小静脉支又汇集成较大的像麦穗样的小梁静脉，数支麦穗样的小梁静脉支又汇集成较大的小梁静脉支，整个脾支静脉系像一棵松树，主干越汇集越粗，脾支静脉最后汇入脾静脉。

脾支动脉系和脾支静脉系均循着网状支架的脾小梁伸延。

2. 牛脾脏血管铸型标本的观察。牛的脾脏血管铸型标本纵轴长，呈两端钝圆，上圆宽，下圆窄。来自腹腔动脉的脾动脉自脾门进入后，其主干沿脾的脏面前缘的纵沟伸延到脾尾尖。脾动脉在延伸中并列发出多支沿着脾小梁伸入脾脏内的脾支动脉。每条脾支动脉又以主干的形式向脾脏内伸延，在伸延的过程中像挺直的一棵树，由主干分权分支，每个分支又逐级进行分支。和马一样脾脏被膜的结缔组织伸入脾内，彼此相连形成网状支架的脾小梁，而伸入的动脉是循小梁逐级分支，故又称小梁动脉。小梁动脉最后分支像短的小刺，从最终动脉细支上发出。在脾主动脉的另侧从脾门至脾尖也并列发出短的动脉支，其分支分布和对侧相似，只是主干短小。

用放大镜观察牛脾脏表面静脉像纤细的绒毛，这些绒毛样纤细静脉汇集成周身长满小细毛刺的较大小静脉，这种小静脉像大的树干一样汇入最初级的小梁静脉。像树权一样小梁静脉越汇集越粗大，最后汇入脾支静脉，每一脾支静脉系也像一棵挺直的松树。脾支静脉最后汇合成脾静脉，脾动脉和脾静脉分支分布伴行。

3. 羊脾脏铸型标本的观察。来自腹腔动脉的脾动脉自脾门进入后，其主干呈扇形分布，分成三支脾动脉支在脾脏内伸延。每支脾动脉沿着脾小梁向脾脏内伸延，在伸延的过程中分出许多分支，每个分支又逐级进行分支。伸入的动脉是循小梁逐级分支，故又称小梁动脉。小梁动脉最后分支发出短的绒毛样的血管支。用电子解剖镜

（4×10）观察这些小绒毛样的血管支又向周围发出一些短的秃桩样盲端。在这些绒毛样血管支顶部分权，有的为 3~4 支短的分权，有的小权头又分成 3~4 股秃桩样分权，有的像蜘蛛，这种蜘蛛样的分权在脾脏中部更加明显。

用放大镜观察羊脾脏，在小的绒毛样的静脉中有的呈秃桩，有的还分出 4~5 个小的分权，有的这种分权上还有秃桩。这些绒毛样的静脉支汇集成微静脉，数条微静脉又汇入到较大的静脉支，较大的静脉支汇入到小的小梁静脉。小梁静脉以主干形式汇入为脾支静脉，脾支静脉又以主干的形式从脾头到脾尾。有的分权较多的静脉逐级向它汇入，也有一些最初级的静脉直接向它汇入。在中部有些脾支静脉游离端有的也呈蜘蛛状。在电子解剖镜（4×10）下最末动脉血管团和静脉血管团之间有透明胶样血管互相吻接在一起。

（三）体会

1. 铸型剂液遇水发生凝固，在灌注时，应先向其内灌入丙酮以防止血管堵塞。腐蚀时必须待铸型剂液完全凝固定型后，方可放入缸（盒）内用盐酸腐蚀，否则可因盐酸浮力造成标本变形，失去原有形态。

2. 在灌注标本时，压力必须适中，否则脾脏内的细小血管会被撑破。一旦血管被撑破，铸型剂液就会从破裂的血管冒出，从而造成结块，影响脾脏铸型标本的质量。

3. 在制作牛脾脏血管铸型标本过程中，由于通向脾脏脾尾的静脉内有瓣膜阻挡，如果不能将静脉内的瓣膜捅破，铸型剂液不能灌入，就会使制作出来的脾脏血管铸型标本靠脾尾的部分没有静脉血管，所以在灌注静脉时，一定要将静脉内的瓣膜捅破。

4. 在冲洗血管铸型标本时，很小的绒毛样的小血管在冲洗时很容易造成人为的破坏，导致原本彼此相连的血管断裂。所以冲洗时要细水慢冲，不要直接对准标本冲，以免对血管铸型标本造成损坏。

八、犊牛整体全身血管铸型标本的制作

（一）材料

1. 铸型材料的配制。

（1）用丙酮作溶剂分别称取 ABS 树脂 75 g 和 100 g，加入 500 ml 的丙酮中。配制成每 100 ml 丙酮中含 ABS 树酯 15 g 和 20 g 的两种铸型剂溶液若干瓶。为充分溶解须提前一天配置。

（2）绿色铸型剂溶液的配制。在两种浓度的铸型剂溶液中都加入翠绿色或湖蓝色的油画颜料，充分搅拌达到要求色泽的铸型剂溶液为止。同法加入玫瑰红或偶氮大红色的油画颜料，配制成两种浓度的红色铸型剂溶液。无论配制绿色还是红色铸型剂溶液，各瓶同色铸型剂溶液要求配色一致。

（3）为增加铸型剂溶液的柔韧性和可塑性，向配好颜色的每瓶铸型剂溶液中再加入30 ml 的邻苯二甲酸二丁酯（增塑剂）并摇匀。

2. 器材及药品。20 ml、50 ml 的一次性塑料注射器，18 号、20 号的兽用静脉注射针头（针头磨钝），手术台、止血钳、镊子、手术刀、结扎线、剪子、缝针、粗的缝线、棉花、丙酮、速眠新注射液等。

3. 动物的选择与准备。选择健康无病的 1~30 日龄荷斯坦牛犊。在其臀部注射速眠新 3ml 进行全身麻醉。麻醉后在牛犊颈部分离出一侧颈总动脉和颈静脉，分离时尽力减少周围组织的损伤。分离后分别将颈总动脉和颈静脉剪开一个出血口，使犊牛头部及全身血液尽量排出。

对于难产当天死亡的犊牛，要对分离后的颈总动脉和颈静脉充分冲洗。冲洗前分别分离出四肢的第 3、第 4 指掌（趾跖）远轴侧静脉和腹下的脐静脉，并分别插入 18 号兽用静脉注射针头，用粗的缝线扎紧。先用温盐水冲洗，尔后用丙酮液灌注，使犊牛全身血液尽量排出。

(二)制作方法

1. 血管灌注点的选择。在颈部以放血后的一侧颈总动脉和另一侧颈静脉作为灌注点。在两前肢的肘关节下部，分离出正中动脉，作为前肢动脉灌注点。在系关节上方指掌侧的内外两侧，分别分离出第 3、第 4 指掌远轴侧静脉，作为前肢静脉的灌注点。在两后肢内侧膝关节上部分离出股动脉，作为后肢的动脉灌注点。再在趾跖关节上方与前肢对应的位置，分离出第 3、第 4 趾跖远轴侧静脉，作为后肢静脉的灌注点。

2. 灌注方法与步骤。

(1)在各灌注点分别向离心侧和向心侧插入针头并用结扎线扎紧。

(2)用细竹签捅破四肢每个第 3、第 4 指掌（趾跖）远轴侧静脉灌注点，向下行的蹄部静脉的瓣膜。

(3)为防止铸型剂灌注中凝结，在各灌注点用止血钳稳定针头后，先用注射器灌入适量丙酮液。

(4)在各动脉灌注点先灌注每 100 ml 丙酮中含 ABS 树脂 15 g 的红色铸型剂溶液。在各静脉灌注点先灌注每 100 ml 丙酮中含 ABS 树脂绿色铸型剂溶液。先向离心方向灌注，后再向心方向灌注。待铸型剂溶液行至躯干部时，再分别用较浓的红色和绿色铸型剂溶液分别灌注动脉和静脉，直至不能灌注为止。注射器不拔掉，以堵塞针头。在灌注时如发生漏液须用止血钳或棉花止漏。在各灌注点都灌注完毕之后，放入水中促使铸型剂凝结。

(5)补注。放入水中 1~2 小时，铸型剂凝结后，检查各主要血管，若有灌注不够充盈的再进行补注。尔后打开腹腔，在脐孔内找到残留的脐动脉和脐静脉，采用上述方法，分别灌注脐动脉和脐静脉。灌注完后放入水中，使铸型剂凝结，然后检查内脏器官，根据需要酌情补注。

3. 腐蚀。

(1)玻璃缸的制备。腐蚀需要大的容器，以防标本挤压变形。可制作玻璃缸作为容器，规格为长 105 cm×宽 85 cm×高 35 cm，玻璃厚度为 8 mm。玻璃裁好之后，玻璃边磨钝，防止划破手。然后用洗衣粉清洗玻璃上的污物，用自来水冲洗清洁，再用纸擦干。

先把 105 cm×85 cm 的一块玻璃放在平整的台面上。在其两边的上沿分别涂上玻璃胶，然后把长侧玻璃（105 cm×35 cm）沿玻璃胶按在平埔台面的玻璃上。然后把两个宽侧面的玻璃（85 cm×35 cm）两侧边和底边涂上玻璃胶，与两长侧面玻璃和底面玻璃紧密粘合在一起，制作成规格为 105 cm×85 cm×35 cm 的玻璃缸。粘好后沿四边一周，分道用绳扎紧，促使粘合牢固，玻璃缸粘制成后放置 1 周使用。

（2）腐蚀。腐蚀位置应选择排污方便的地方。腐蚀之前应在玻璃缸中垫两层结实的塑料薄膜。塑料薄膜要足够宽大，将已灌注好的犊牛放在玻璃缸中塑料薄膜上。为了减少血管断裂，尽量避免移动灌好的犊牛。将塑料薄膜四边提起，上边部分结扎，留出倒入盐酸的口。通过预留口向玻璃缸中塑料薄膜内犊牛注入盐酸，注入的量应淹没整个犊牛。倒注完盐酸之后，严密封闭塑料薄膜上口，尽力减少氯化氢气体挥发污染环境。操作过程中要做好人员安全保护措施，严防操作人员损伤。为防止玻璃缸被撑破，缸外周用结实塑料绳加固上下两道。

（3）冲洗。定期观察，在夏季腐蚀 16 天后，犊牛完全被腐蚀，然后进行冲洗。冲洗时将缸置斜，先应用吸缸原理，尽可能抽吸出盐酸。然后用自来水轻轻冲洗，冲洗的水流速度一定要缓慢，并且避免直对着标本，防止微小支被水流击落，直到液体冲洗澄清为止，一般需冲洗 12 小时以上。此时犊牛整体血管铸型标本完全在洁净的水中显示出来。

（4）修整。为了使标本保持原型，在冲洗后要适当修整。剪去灌注点附近及其他部位渗漏出的铸型剂凝结块。连接各灌注点两断端血管，将脱落的断支粘接到原处，加固静脉瓣膜处的缝隙等易断部位。

（5）保存制作好的标本。小心将制作好的犊牛整体全身血管铸型标本移入市售的大鱼缸内，为了密封，鱼缸内标本外置大的透明塑料薄膜，于缸内塑料薄膜内加入 5% 的甲醛溶液，甲醛溶液要达缸内深度 2/3 以上，使犊牛完全能站立。为长久保持直立形态，于头颈、脊柱的粗血管系线，将犊牛整体血管标本吊立。严密封闭塑料上口，避免甲醛液蒸发，以便长久保存（见附图 21）。

（三）体会

1. 犊牛整体血管铸型标本不像制作单一器官铸型标本，其制作技术复杂，难度更大。血管灌注要求达到动物整体。而整体灌注，血管长而迂回曲折，铸型液遇水又易凝固，造成堵塞。为防止凝固，灌注铸型液前必须先灌注足够的丙酮，为铸型液在血管内的畅流创造有利条件。静脉是向心回流的，离心灌注就会遇到静脉瓣膜的阻挡，无法灌入，特别是蹄、耳等部位，只能离心灌注，所以灌注前必须将静脉瓣膜捅破，否则灌注无法从静脉灌入蹄部、耳部等器官。

2. 切开剥离血管时，对周围组织损伤要小，损伤大易伤及周围血管，造成灌注时铸型剂漏液或喷液，而且会导致铸型剂凝块，影响标本的真实美观，所以要尽可能减少漏液和喷液。为防止灌注时铸型剂漏液或喷液，对切开剥离血管时损伤的周围组织要用止血钳钳夹或结扎确实后再灌注。

3. 灌注材料要求更高。既要求灌注铸型液在血管内流畅，又要求凝固成型。既要求铸型标本具有韧性不易破损，便于长期保存使用，又要求铸型标本具有一定的硬度和支撑力，以保持原有的解剖形态。所以在铸型剂的配制上要特别注意邻苯二甲酸二丁酯（增塑剂）添加的量，加多了，铸型标本韧性增加，不易破损，但柔软支撑力差，不能保有组织器官原有形态；加少了，标本的硬度支撑力增加，可以保有组织器官原有形态，但脆性增大，容易破裂损坏或缺损。

4. 犊牛血管发育还不成熟，最大的问题是动、静吻合短路和吻合支多，这就容易造成灌注动脉的红色铸型剂进入静脉，造成混注，使本来显示蓝色的静脉成为红色。为了避免这种现象，要先灌注静脉，整体灌注完静脉后，再灌注动脉。

5. 犊牛体长柔软，灌注后搬运时要特别注意，否则容易造成铸型的血管断裂，冲洗后标本出现缺损。为了避免这种情况，可将犊牛放在木板上，搬移时，抬板整体移动。

6. 腐蚀必须注意以下几点。一是铸型剂液必须完全凝固后才能腐蚀，否则受盐酸浮力挤压，易造成铸型标本变形。二是腐蚀必须充分，这就要求盐酸质量一定要达到要求，否则不易掌握腐蚀时间，特别是重量大的骨骼，比软组织更难被腐蚀，冲洗或拿取时极易破坏标本，所以腐蚀不透会导致标本制作失败。三是容器要足够大，盐酸量要足，以防止标本受挤压变形。四是因重量和体积大，腐蚀犊牛的玻璃缸非常不易搬移，所以在什么位置便于腐蚀、冲洗、修整等操作，必须考虑周全，以避免制作标本过程中出现不必要的麻烦。并要作好操作人员的安全工作。五是装制作好的犊牛整体血管铸型标本的标本缸要结实牢靠。因犊牛整体血管铸型标本需要站立保存，标本缸盛较深的水液，水对缸四边的压力大，一旦破损就可能严重损坏标本，所以要特别注意盛装犊牛整体血管铸型标本的标本缸的质量。

九、牛、猪、驴蹄血管铸型标本的制作

（一）制作铸型标本前的准备

1. 牛蹄标本材料的选择。选用健康刚宰杀牛的新鲜牛蹄，要求蹄形正，蹄壁角质平整，蹄轮无明显凸凹不平，系关节以下外观无损伤，截取时前肢从腕掌关节，后肢从跗跖关节截切断。

2. 填充剂的配制。称取 ABS 树脂 75 g 和 100 g，分别加入 500 ml 的丙酮溶液中，放入 30℃~40℃的恒温箱内 1~2 天，搅拌充分溶解，配制成 100 ml 丙酮中含 15 g 和 20 g 两种溶液若干瓶，分别向两种溶液中加入酞青蓝油画颜料，边加边搅拌，直到达到需求的色泽为止。两种铸型剂溶液调配的色泽要达到基本一致。同法调配红色的两种铸型剂溶液，最后向配制好的铸型剂溶液中加入邻苯二甲酸二丁酯，每瓶 10~15 ml，充分

摇匀待用。

3. 常用器具。20 ml、30 ml、50 ml 塑料注射器若干具，18~20 号兽用针头 10 支，针头磨钝，乳导管各种型号各 2~3 枚，止血钳、手术刀、手术剪、镊子、缝合针、兽用 18 号缝合线、细竹竿、纱布、棉花等。

(二)制作方法

1. 第 3、第 4 指掌（趾跖）远轴侧静脉的灌注。于系关节上方内外侧、掌（跖）骨与屈腱之间的掌（跖）沟内纵向切开皮肤，屈曲牛蹄，使第 3、第 4 指掌（趾跖）远轴侧静脉血管进血，看清第 3、第 4 指掌（趾跖）远轴侧静脉血管后，用手术刀将第 3、第 4 指掌（趾跖）远轴侧静脉血管小心分离出，再用手术剪将第 3、第 4 指掌（趾跖）远轴侧静脉纵向剪一小口，向静脉插入针头，由静脉内向蹄部深入针头，遭到阻挡不能深入为止。再向针头内插入细竹竿，并向蹄部顺着静脉的方向深入，在深入过程中将静脉的瓣膜桶破。瓣膜桶破的感觉类似桶破纸张，突然没有阻挡。再轻轻深入竹竿和针头，不能深入为止。拔出竹竿，将插入静脉的针头扎紧，用止血钳将两侧分离的创口连同静脉周围组织充分钳夹。注水冲洗。绕切口下系关节一周系紧止血带。再用丙酮灌注冲洗，在冲洗过程中发现冒液，应立即用止血钳钳夹或缝线结扎。先用每 100 ml 丙酮溶液中含 15 g 的 ABS 树脂蓝色铸型剂液灌注，再用每 100 ml 丙酮溶液中含 20 g 的 ABS 树脂的蓝色铸型剂液灌注，感到压力大时停止灌注。同法灌注另侧静脉。之后将牛蹄放入水中，约 1 小时凝固后，再用每 100 ml 丙酮溶液中含 20 g 的 ABS 树脂的蓝色铸型剂液补注，反复数次以不能注入为止。

2. 指掌（趾背）侧第 3 总动脉的灌注。前肢屈曲系关节使屈腱从掌上端腱筒伸出，用止血钳钳夹住屈腱，尽力将屈腱断端牵拽，在腱筒内找到指掌侧第 3 总动脉。后肢背屈系关节于跖骨上端背侧找到跖背侧第 3 总动脉。动脉找到后插入针头并结扎确实。注温水后，再灌注丙酮溶液，在灌注中发现冒液点进行结扎或钳夹，于针头下绕肢一周系紧止血带，先灌注每 100 ml 丙酮溶液中含 15 g ABS 树脂的红色铸型剂液，再灌注每 100 ml 丙酮溶液中含 20 g ABS 树脂的红色铸型剂液。方法同静脉灌注。

如仅制作牛蹄动脉血管铸型标本，就只灌注动脉。如仅制作静脉血管铸型标本，就只灌注静脉。

3. 腐蚀。将灌注好的牛蹄放入标本缸内，倒入盐酸腐蚀，腐蚀时间依盐酸浓度、温度而异。市售粗制盐酸在 40℃ 的恒温箱内，或夏日阳光下需 10 天左右，常温下需 20~30 天。当标本浮起，说明已腐蚀好。

4. 冲洗。先用胶管将标本缸内盐酸抽取，但不能抽完，以不损坏标本为度，然后水龙头对准缸壁或缸底放小水缓缓冲洗，冲洗时龙头不直接对准标本，直到水清澈透明为止。

5. 修整。取出标本放盛水的盆内，小心地摘除标本上的结块；对于断裂的断支，利用原断支粘接恢复；对于色泽不一致的部分，用原色铸型剂涂抹，力争标本颜色一致；对于裂隙不牢固的部位，用原色铸型剂粘连加固。

6.装缸保存。将制作好的标本，放入盛有5%甲醛液的标本缸内，密封缸盖，贴上标签（见附图22~26）。

猪蹄血管铸型标本的制作与牛蹄血管铸型标本的制作基本相同

（三）驴蹄血管铸型标本的制作

制作前的准备与牛蹄血管铸型标本的制作基本相同。

驴蹄血管铸型标本的制作方法。

指（趾）内、外侧静脉的灌注。于系关节上方内外侧、掌（跖）骨与屈腱之间的掌（跖）沟内，纵向切开皮肤，屈曲驴蹄，使指（趾）内、外侧静脉血管进入血液。看清指（趾）内、外侧静脉血管后，用手术刀将指（趾）内、外侧静脉血管小心分离出，再用手术剪将指（趾）内、外侧静脉血管分离出，用手术剪将分离出的指（趾）内、外侧静脉血管纵向剪一小口，向静脉插入针头，由静脉内向蹄部深入针头，遭到阻挡不能深入为止。再向针头内插入细竹竿，并向蹄部顺着静脉的方向深入，在深入过程中将静脉的瓣膜桶破。瓣膜桶破的感觉是，似捅破纸，突然没有阻挡。再轻轻深入竹竿和针头，不能深入为止。拔出竹竿，将插入静脉的针头扎紧，用止血钳将两侧分离的创口连同静脉周围组织充分钳夹。注水冲洗。绕切口下系关节一周系紧止血带。再用丙酮灌注冲洗，在冲洗过程中发现冒液，用止血钳钳夹或缝线结扎。先用每100 ml丙酮溶液中含15 g的ABS树脂蓝色铸型剂液灌注，再用每100 ml丙酮溶液中含20 g ABS树脂的蓝色铸型剂液灌注。方法同静脉灌注。感到压力大时停止灌注。同法灌注另侧静脉。尔后将牛蹄放入水中，约1小时凝固后，再用每100 ml丙酮溶液中含20 g的ABS树脂的蓝色铸型剂液补注，反复数次以不能注入为止。

指（趾）内、外侧动脉的灌注。指（趾）内、外侧动脉，位于系关节上方内外侧、掌（跖）骨与屈腱之间的内、外侧掌（跖）沟内。指（趾）内、外侧静脉血管的深侧，并与指（趾）内、外侧静脉血管伴行。在寻找指（趾）内、外侧静脉血管时，可同时找到指（趾）内、外侧动脉。指（趾）内、外侧静脉浅表，血管壁薄软，而指（趾）内、外侧动脉在指（趾）内、外侧静脉深侧，血管壁厚而硬。找到指（趾）内、外侧动脉后，插入针头，并用缝合线扎紧。用止血钳将两侧分离的创口连同血管周围组织充分钳夹。注水冲洗。再绕切口下系关节一周系紧止血带。用丙酮灌注冲洗，在冲洗过程中发现冒液，用止血钳钳夹或缝线结扎。先用每100 ml丙酮溶液中含15 g的ABS树脂红色铸型剂液灌注，再用每100 ml丙酮溶液中含20 g ABS树脂的同色铸型剂液灌注。方法同静脉灌注。感到压力大时停止灌注。同法灌注另侧动脉。尔后将驴蹄放入水中，铸型剂液凝固后，再用每100 ml丙酮溶液中含20 g的ABS树脂的红色铸型剂液补注，反复数次以不能注入为止。

腐蚀、冲洗、修整、装缸保存方法与牛蹄血管铸型标本的制作基本相同。

参考文献

［1］郭铁、汪世昌主编.家畜外科学(第二版)[M].北京:农业出版社,1988.

［2］汪世昌、陈家璞、张幼成主编.兽医外科学[M].北京:农业出版社,1992.

［3］中国奶牛协会主编.乳牛疾病学[M].北京:农业出版社,1992.

［4］王洪斌主编.家畜外科学(第四版)[M].北京:中国农业出版社,2007.

［5］魏锁成.谈谈奶牛蹄叶炎的致病因素[J].中国奶牛,1995(5).

［6］Nilsson,S A,Clinical,morphological and experimental studies of laminitis in cattle. Acta Veterinaria Scandinavica 4 Suppl 1,1963:9~304.

［7］DG Baggott and AM Russell ,Lameness in cattle. Br. Vet. ... J. Dairy Sci. 64 1981: 1465-1482.

［8］Maclean,C. W. 1971.The histopathology of laminitis in dairy cows. J. Comp. Pathol,81(4)1971: 563-570.

［9］Suber RL,Hentges JF,Gudat JC,Edds GT. Blood and ruminal fluid profiles in carbohydrate-foundered cattle. 1979:Am. J. Vet. Res. ,40(7):1005-1008.

［10］Takahashi,K. and Young,BA.Effects of Grain Overfeeding and Histamine Injection on Physiological Responses Related to acute bovine laminitis.1981:43(3):375-385.

［11］Andersson,L. Bergman,A. Pathology of bovine laminitis especially as regards vascular lesions. Acta Vet. Scand. 1980:21(4):559-566.

［12］Dunlop RH,Hammond PB. D-lactic acidosis of ruminants. Ann N Y Acad Sci. 1965 Jul 31:119(3):1109-1132.

［13］Nilsson. S. A. Proc. 111 International Symposium on Disorders of the Ruminant Digit Digit,Vienna,Austria,1980:113.

［14］(明)喻本元、喻本亨著.元亨疗马记[M].中国农业科学院中兽医研究所重编校正.北京:农业出版社,1963:428、429、473.

［15］(苏)奥立科夫著.殴震等,译. 家畜外科手术学[M].中国人民解放军兽医大学,1955,242-244.

［16］（苏）丘巴尔著.郭和以等,译.家畜外科手术学［M］.北京:高等教育出版社,1958.

［17］北京农业大学、东北农学院主编.家畜外科学［M］.农业出版社,1979.

［18］中国人民解放军兽医大学编.兽医手册［M］.吉林人民出版社,1975.

［19］牟兆新,审社林.人体解剖学和组织胚胎学［M］.北京:高等教育出版社,2006.

［20］高福禄主编.组织学与胚胎学［M］.北京:高等教育出版社,2005.

［21］王怀经主编.局部解剖学［M］.北京:高等教育出版社,2004.

［22］滕可导主编.家畜解剖学与组织胚胎学［M］.北京:高等教育出版社,2006.

［23］张清,毕俊红.血管铸型标本的制作［J］.济宁医学院学报.2002(3).

［24］张继明,王媛,练克俭.兔血管铸型标本的制作方法［J］.中国实验动物学杂志,2001(4).

［25］张中军.心、肝、肾铸型标本的制作［J］.洛阳医专学报,2000(2).

附　图

图 1　牛前蹄动脉血管铸型标本

1. 指掌侧第 3 总动脉 2. 指枕动脉 3. 第 3 指、第 4 指掌轴侧固有动脉 4. 中指节掌侧动脉 5. 中指节腹侧动脉 6. 中指节背侧动脉 7. 折转角 8. 蹄尖动脉支 9. 蹄尖侧动脉支 10. 远指节前背侧动脉 11. 远指节骨内底侧动脉支 12. 第 3、第 4 折转动脉 13. 第 3、第 4 指掌远轴侧固有动脉

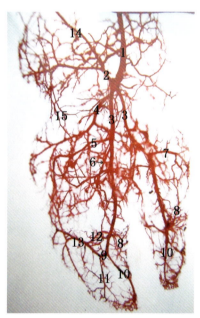

图 2　牛后蹄动脉血管铸型标本

1. 趾背侧第 3 总动脉 2. 趾间动脉 3. 第 3 趾、第 4 趾背轴侧固有动脉 4. 趾枕动脉 5. 中趾节跖侧动脉 6. 中趾节腹侧动脉 7. 中趾节背侧动脉 8. 远趾节前背侧动脉支 9. 折转角 10. 蹄尖动脉支 11. 蹄尖侧动脉支 12. 远趾节骨内底侧动脉支 13. 第 3、第 4 趾折转固有动脉 14. 趾跖侧第 3 总动脉 15. 第 3、第 4 趾跖远轴侧固有动脉

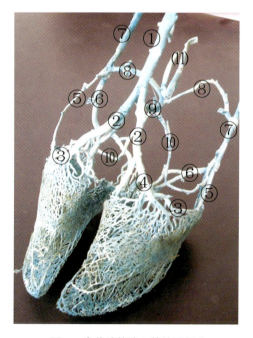

图 3　牛前蹄静脉血管铸型标本

1. 指背静脉 2. 第 3、第 4 指背轴侧静脉 3. 远轴侧蹄冠静脉弓 4. 远轴侧前静脉支 5. 远轴侧后静脉支 6. 第 3、第 4 指掌轴侧静脉 7. 第 3、第 4 指掌远轴侧静脉 8. 第 3 指和第 4 指掌远轴侧静脉的横交通支 9. 指背静脉的指间交通支 10. 中指节掌侧静脉支 11. 指掌侧第 3 总静脉

135

图 4　牛后蹄静脉血管铸性标本

1. 指背静脉 2. 第 3、第 4 趾背轴侧静脉
3. 远轴侧蹄冠静脉弓 4. 远轴侧前静脉
支 5. 远轴侧后静脉支 6. 第 3、第 4 趾
跖轴侧静脉 7. 第 3 趾、第 4 趾跖远轴侧
静脉 8. 第 3 趾和第 4 趾跖远轴侧静脉的
横 交 通 支 9. 趾背静脉的趾间交通支
10. 中趾节掌侧静脉弓（支）

图 5　牛蹄轴侧血管铸型标本

A. 第 3、第 4 指掌轴侧静脉 B. 指掌侧第 3 总动脉 C. 第 3 指、第
4 指掌轴侧固有动脉

图 7　牛蹄、动静脉血管标本

图 6　留部分蹄匣牛蹄动静脉
血管标本

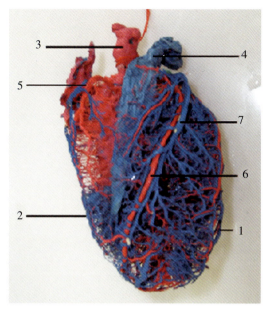

图 8　羊心脏血管铸型标本（前）

1. 左壁　2. 右壁　3. 主动脉　4. 肺动脉；5. 右冠状动脉　6. 左冠状动脉降支　7. 心大静脉降支

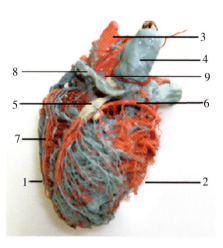

图 9　羊心脏血管铸型标本（后）

1. 左壁　2. 右壁　3. 主动脉　4. 后腔静脉
5. 心中静脉　6. 右冠状动脉　7. 左冠状动脉
分支　8. 心大静脉　9. 肺静脉

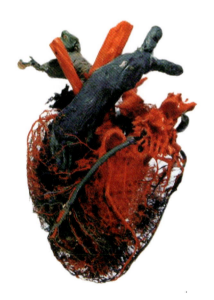

图 10　牛心脏血管铸型标本（左）

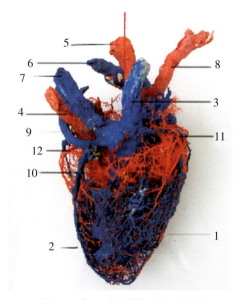

图 11　牛心脏血管铸型标本（右）

1. 心前壁　2. 心后壁　3. 前腔静脉　4. 肺静脉
5. 主动脉　6. 肺动脉　7. 后腔静脉　8. 臂头动脉总干　9. 心大静脉　10. 心中静脉　11. 右冠状动脉　12. 左冠状动脉的旋支

图 12　羊肝脏血管胆囊铸型标本（脏面）

图 13　羊肝脏血管胆囊铸型标本（壁面）

1. 背面　2. 腹面　3. 后腔静脉　4. 胆囊

图 14　犬肝脏血管胆管胆囊铸型标本

1. 肝动脉　2. 胆管　3. 胆囊　4. 左外叶
5. 左中央叶　6. 右中央叶　7. 右外叶

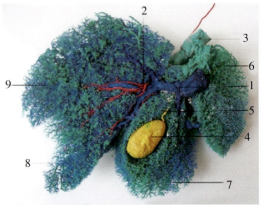

图 15　猪肝脏血管胆囊铸型标本（壁面）

图 16　猪肝脏血管胆囊铸型标本（脏面）

1. 门静脉　2. 肝动脉　3. 后腔静脉　4. 胆囊　5. 胆囊胆管
6. 肝右外叶　7. 肝右中叶　8. 肝左中叶　9. 肝左外叶

图 17　马肝脏血管铸型标本（壁面）

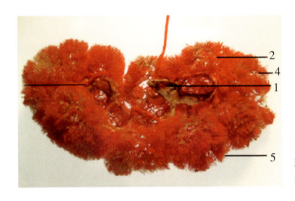

图 18　牛肾脏血管铸型标本

1. 肾输出管（肾大盏）及集尿管　2. 肾皮质
3. 肾动脉的叶间动脉　4. 弓状动脉　5. 小叶间
动脉

图 20　马脾脏壁面

1. 脾头　2. 脾尾　3. 前缘　4. 后缘

图 19　驴肾脏血管铸型标本

1. 肾动脉　2. 肾静脉　3. 叶间动脉　4. 叶间静脉　5. 弓
状动脉　6. 弓状静脉　7. 小叶间动脉　8. 小叶间静脉

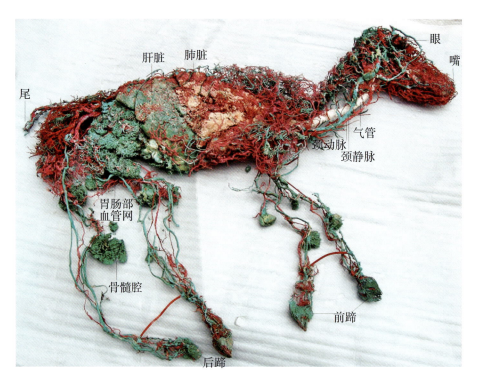

图21　犊牛整体全身血管铸型标本（右侧）

图22　牛前蹄动脉血管铸型标本（正常）

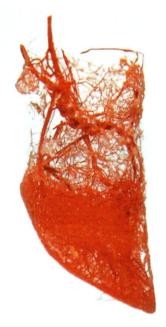

图 23　牛前蹄动静脉混注全红色（不正常）血管铸型标本

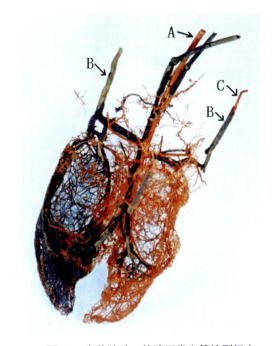

图 24　牛前蹄动、静脉正常血管铸型标本

A.指掌侧第 3 总动脉　B.指掌侧第 3 总静脉　C.第 3、第 4 指掌远轴侧静脉　D.第 3、第 4 指掌轴侧静脉

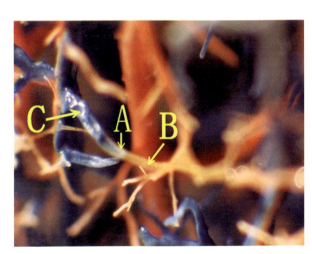

图 25　显微镜观察做好的牛蹄部血管，红、蓝色泽分明的表示正常牛蹄动、静脉血管铸型标本

A.动静脉吻合支吻合处　B.微小动脉　C.微小静脉

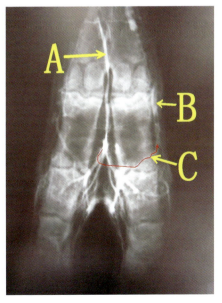

图 26　牛蹄部血管造影及观察

鉴 定 意 见

　　"牛蹄部血管分布研究"成果鉴定会，由宁夏回族自治区科技厅委托宁夏农学院主持，于２０００年９月１８日在银川市召开。鉴定委员会认真听取了课题组的工作和研究报告，审阅了有关资料和文件，详细观察了牛蹄部血管解剖标本，经过讨论，一致认为：

　　一、课题组采用血管铸型、解剖剥离、灌注腐蚀结合剥离和血管造影术等多种技术方法，对８１例（黄牛、牦牛、奶牛）前、后蹄血管的分支、走向和分布进行了深入的研究观察，对照文献进行了比较和分析，得出科学结论，在国内外首次作了系统报道，填补了牛蹄部血管分支分布的空白。

　　二、重大发现及主要成果有以下五个方面：

　　１、根据对２６例前蹄血管铸型标本观察，第３、第４指枕动脉由指掌侧第３总动脉分出，有两种形式：指掌侧第３总动脉分出一总支，再由该总支分出第３、第４指枕动脉；由指掌侧第３总动脉直接分出第３、第４指枕动脉。根据对２４例后蹄血管铸型标本观察，趾枕动脉分出有三种形式，即由趾背侧第３总动脉分出的趾间动脉分出第３、第４趾枕动脉；由第３、第４趾背轴侧固有动脉分出；由趾间动脉和趾背轴侧固有动脉各分出一支。

　　２、第３、第４指掌（趾背）轴侧固有动脉终段在远指（趾）节骨角状管内不形成终动脉弓，而是呈锐角转折，作者将其命名为折转固有动脉，经远轴孔穿出，末端分支在蹄部与指（趾）动脉的分支吻合成动脉网。

　　３、在系统叙述汇集蹄部血液静脉支的基础上，指出牛蹄部静脉由蹄真皮层静脉和远指（趾）节内静脉逐级主要汇集为指（趾）背静脉和第３、第４指掌（趾跖）远轴侧静脉，而指掌（趾跖）侧第３总静脉则起始于第３、第４指掌（趾跖）远轴侧静脉和指（趾）背静脉之间的交通支交汇处。

　　４、在理论上提出指掌（趾背）侧第３总静脉在指（趾）间的分支都是以最短途径向两侧指蹄供血，而蹄真皮层静脉和远指（趾）节内静脉逐级向蹄冠部汇集呈大的静脉，主要业蹄的外围通过指掌（趾跖）远轴侧静脉和指（趾）背静脉向心回流，这种血管构型有利于动脉血液的输入和静脉血液向心回流，符合血管分支分布规律。

　　５、通过比较证明黄牛、牦牛、奶牛蹄部血管分支分布模式相似。

　　本课题属基础研究，是在紧密结合"牛蹄病综合防治"研究中涉及牛蹄部血管分布问题提出来，进行专题研究的项目，目的明确、方向正确、研究方法科学、设计合理、描述正确、结论可信，不仅丰富了动物解剖学内容，而且为牛蹄生理学研究和蹄病综合防治提供了解剖学依据。为国内领先，达到了国际先进水平，一致同意通过鉴定，建议作为重大成果上报，请奖。

　　　　鉴定委员会主任：郭和以　副主任：沈和湘

　　　　　　　　　　　　２０００ 年 ９ 月 １８ 日

鉴定委员会名单

主任委员：　郭和以　内蒙古农牧大学教授，中国动物解剖学会原理事长，《家畜解剖学》主编

副主任委员：沈和湘　安徽农大原校长、教授，中国动物解剖学会原理事长，《家畜解剖学》副主编

　委员：　张玉龙　河南农大教授，中国动物解剖学会副理事长，《家畜解剖学》审稿

　委员：　张钧昌　甘肃农大教授，博士生指导教师

　委员：　毛培忠　甘肃农大教授，博士生指导教师

　委员：　田九畴　西北农大教授，《家畜解剖学》编者

　委员：　张孝魁　宁夏农科院研究员

　委员：　史远刚　宁夏农学院副教授，博士

图 27　牛蹄部血管研究专家鉴定意见